赢在手绘

28天高分学成建筑手绘效果图

龙 燕 周百灵◎编著

办公 / 厂房 / 商业 / 图书馆
零基础到高分侠的完美蜕变

U0199331

中国电力出版社
CHINA ELECTRIC POWER PRESS

内 容 提 要

　　徒手表现建筑手绘需要经过深入且长期的训练，在创意中进行手绘就更需要设计者的功力了。本书是一本全方位讲解建筑手绘的综合教程，注重知识学科的全面性和实用性，从基础内容开始，详细讲解了室内手绘效果图的各种技法，将马克笔与彩色铅笔的创造能力发挥到极致，综合多种绘画技法，让读者在短期内迅速提高建筑效果图的表现水平，同时融入个人的创意表现能力。本书适合大中专院校艺术设计、建筑设计专业在校师生阅读，同时也是相关专业研究生入学考试的重要参考资料。

图书在版编目（CIP）数据

赢在手绘：28天高分学成建筑手绘效果图 / 龙燕，周百灵编著．—北京：中国电力出版社，2019.6
ISBN 978-7-5198-3108-0

Ⅰ．①赢… Ⅱ．①龙… ②周… Ⅲ．①建筑画—绘画技法 Ⅳ．①TU204.11

中国版本图书馆CIP数据核字（2019）第079151号

出版发行：中国电力出版社
地　　址：北京市东城区北京站西街19号（邮政编码100005）
网　　址：http://www.cepp.sgcc.com.cn
责任编辑：乐　苑　010-63412380
责任校对：黄　蓓　常燕昆
装帧设计：唯佳文化
责任印制：杨晓东

印　　刷：北京盛通印刷股份有限公司
版　　次：2019年6月第一版
印　　次：2019年6月北京第一次印刷
开　　本：880毫米×1230毫米　16开本
印　　张：10
字　　数：322千字
定　　价：58.00元

前 言

改革开放以来，随着社会生活向快节奏方向发展，室内外设计也提倡高效率，手绘效果图是环境设计师、景观设计师、建筑设计师的必备基本功，以往需要三五天时间完成的设计工作现在不到一天就要结束，大量设计项目给设计师带来巨大的压力。于是，手绘效果图的绘制工具和绘画技法开始不断演进，以适应新时期的工作要求。

手绘效果图开始成为设计师表达创意元素、以图代字的记录手段，快速表现更多地使用马克笔、彩色铅笔、快速绘图笔等。快速表现手绘效果图图面效果轻松洒脱，在把握透视关系的同时还能随意增减细节，强化空间层次，将装饰细节全部转移到效果图中，真正做到图文合一。

一个好的创意，往往只是设计者最初设计理念的延续，而手绘则是设计理念最直接的体现。手绘效果图的快速表现技法很多，甚至因人而异，然而深入细节的技法却基本相同。

表现形体结构在于线条准确，横平竖直之间能塑造出端庄的棱角，要做到稳重绘制短线条，分段绘制长线条。透视空间要求统一、自然，正确选用透视角度，表现简单的局部空间一般选用一点透视；表现复杂的整体空间可以选用两点透视；空旷的空间可以提升视点高度，以获得鸟瞰视角；紧凑的空间可以适当降低视点高度，以获得仰望视角，甚至形成三点透视，提升表现对象的宏伟气势。单幅画面中的色彩选配以70%同色系为主，强化画面基调，另外30%用于补充其他色彩，丰富画面效果，避免使用黑色来强化阴影，适度留白形成明快的对比。提升手绘水平的主观因素来源于绘图者的心理素质，优秀的手绘作品需要绘图者保持平和、稳定的心态去创作，一幅完整的作品由大量的线条和笔触组成，每一次落笔都要起到实质性作用，当这些线条和笔触全部到位时，作品也就完成了。绘图时要以平静的思维去应对这些复杂的过程，不能急于求成。当操作娴熟后可以从局部入手，由画面的重点部位开始，逐步向周边扩展，当全局完成后再做统一调整，这样既能建立自信心，又能分清画面的主次关系。

多年来，我们一直都在从事手绘效果图的研究，无论是教学还是实践，希望能总结出一套经验，以便能提升工作效率。本书中的手绘效果图学习方法帮助学生在短时间内将形体结构、透视空间和色彩搭配通过平静的心态整合在一起，表现出深入而又完整的画面效果。

希望本书能给学习手绘效果图的设计师、大中专院校同学、美术爱好者带来帮助，也希望大家提出宝贵意见。

本书由武汉科技大学城市建设学院规划系龙燕（副教授，工学博士，国家二级工艺美术师，中国风景园林学会会员，湖北历史建筑研究会会员）老师编写。

参与本书编写的还有：程子莹、张达、吴翰、蔡田田、曹鑫、陈关羽、陈怡、程意、邓伟、寒菁慧、李俊伟、刘烨、刘殷港、潘晨、彭聪、彭积辉、钱圳红、邱迎燕、石强、帅婵、孙磊、王鹏、王思艺、王志林、王子乐、翁欣悦、肖吉超、汤留泉、刘涛、闫永祥。

2018年8月

目 录

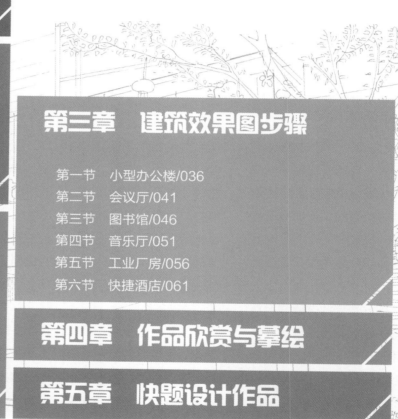

28天手绘效果图学习计划

第1天	准备工作	购买各种绘制工具，如笔、纸、尺规、画板等，熟悉工具的使用特性，尝试着临摹一些简单的家具、小品、绿化植物、配饰品等。
第2天	养成习惯	根据本书的内容，纠正自己以往的绘图习惯，包括握笔姿势、选色方法等，强化练习运笔技法，将错误、不当的技法抛诸脑后。
第3天	线条练习	对各种线条进行强化训练，把握好长直线的绘画方式，严格控制线条交错的部位，要求对圆弧线、自由曲线能一笔到位。
第4天	巩固透视	无论以往是否系统地学过透视，现在都要配合线条的练习重新温习一遍，透彻理会一点透视、两点透视、三点透视的生成原理。
第5天	前期总结	对前期的练习进行总结，找到自己的弱点并加强练习，先临摹2~3张A4幅面线稿，以简单的建筑局部构造为练习对象，再对照实景照片，绘制2~3张A4幅面简单的建筑局部构造。
第6天	单体线稿	临摹本章节建筑各种单体线稿与2~3张A4幅面，注重单体物件形体的透视比例与造型细节，采用线条来强化明暗关系，再对照实景照片，绘制2~3张A4幅面简单的建筑单体物品。
第7天	乔木表现	先临摹2~3张A4幅面乔木植物，分出乔木的多种颜色，厘清光照的远近层次，要对叶片整体层次进行归纳再绘制，不能完全写实，再对照实景照片，绘制2~3张A4幅面简单的乔木植物。
第8天	灌木表现	先临摹2~3张A4幅面灌木植物，分出灌木的多种颜色，厘清光照的远近层次，要对叶片整体层次进行归纳再绘制，不能完全写实，再对照实景照片，绘制2~3张A4幅面简单的灌木植物。
第9天	山石表现	先临摹2张A4幅面石头，仔细观察石头呈现出的真实色彩，注重反光颜色与高光颜色之间的关系，再对照实景照片，绘制2张A4幅面石头。
第10天	门窗表现	先临摹本章节门窗的形体结构，注重门窗的长宽比例关系，着色时强化背忆门窗玻璃与框架的配色，区分不同材质门窗的运笔方法。此外，门窗形式可以参考相关图片，或对身边的建筑拍照并打印，然后对着照片绘制。
第11天	体块表现	先临摹2张A4幅面建筑体块，找准明暗关系，塑造出强烈的体积感，以马克笔为主，适当运用彩色铅笔来增加层次感，注重运笔的方向，注意排列线条以强化建筑体块的暗部。
第12天	体块表现	自主创意绘制2张A4幅面建筑体块，找准明暗关系，对一种体块分出至少三个明暗层次，灵活运用马克笔与彩色铅笔来强化体积感，适当选用绘图笔在暗部排列平行线条以进一步强化层次。
第13天	天空表现	先临摹2张A4幅面天空云彩，找准云彩的颜色，适当运用彩色铅笔来增加层次，注重运笔的方向，搭配远景建筑、树木来创作绘制。在生活中仔细观察晴朗的天空中云朵的体积构造与色彩关系。
第14天	中期总结	自我检查、评价前期关于建筑单体表现的绘画图稿，总结其中形体结构、色彩搭配、虚实关系中存在的问题，将自己绘制的图稿与本书作品对比，重复绘制一些存在问题的图稿。

第15天	小型办公楼	参考本书关于小型办公楼的绘画步骤图，收集2张相关实景照片，对照照片绘制2张A3幅面小型办公楼效果图，主要表现的对象构造相对简单，重点在于绘制建筑的体块关系。
第16天	会议厅	参考本书关于小型会议厅的绘画步骤图，收集2张相关实景照片，对照照片绘制2张A3幅面小型会议厅效果图，注重玻璃的反光与高光，深色与浅色相互衬托。
第17天	图书馆	参考本书关于图书馆的绘画步骤图，收集2张相关实景照片，对照照片绘制2张A3幅面图书馆效果图，注重绿化植物的色彩区分，避免重复使用单调的绿色来绘制植物。
第18天	音乐厅	参考本书关于音乐厅的绘画步骤图，收集2张相关实景照片，对照照片绘制2张A3幅面音乐厅效果图，注重地面的层次与天空的衬托，重点描绘1~2处细节。
第19天	工业厂房	参考本书关于工业厂房的绘画步骤图，收集2张相关实景照片，对照照片绘制2张A3幅面工业厂房效果图，注重空间的纵深层次，适当配置人物来拉开空间深度。
第20天	快捷酒店	参考本书关于快捷酒店的绘画步骤图，收集2张相关实景照片，对照照片绘制2张A3幅面快捷酒店效果图，注重取景角度和远近虚实变化。
第21天	后期总结	自我检查、评价前期关于建筑整体效果图的绘画图稿，总结其中形体结构、色彩搭配、虚实关系中存在的问题，将自己绘制的图稿与本书作品对比，重复绘制一些存在问题的局部图稿。
第22天	快题立意	根据本书内容，建立自己的建筑快题立意思维方式，列出快题设计中存在的主要设计元素，如墙体分隔、空间布置等，绘制1张A2幅面社区公共建筑平面图、立面图、主要剖面图，以及简单创意思维过程图。
第23天	快题实战	实地考察周边建筑，或查阅收集资料，独立设计构思一处较小规模图书馆、文化馆或学校建筑的平面图，设计并绘制重点部位的立面图、效果图，编写设计说明，1张A2幅面。
第24天	快题实战	实地考察周边建筑或查阅收集资料，独立设计构思一处办公建筑的平面图，设计并绘制重点部位的立面图、效果图，编写设计说明，1张A2幅面。
第25天	快题实战	实地考察周边建筑，或查阅收集资料，独立设计构思一处商务酒店建筑的平面图，设计并绘制重点部位的立面图、效果图，编写设计说明，1张A2幅面。
第26天	快题实战	实地考察周边建筑或查阅收集资料，独立设计构思一处商业建筑的平面图，设计并绘制重点部位的立面图、效果图，编写设计说明，1张A2幅面。
第27天	快题实战	实地考察周边建筑，或查阅收集资料，独立设计构思一处住宅别墅的平面图，设计并绘制重点部位的立面图、效果图，编写设计说明，1张A2幅面。
第28天	备考总结	反复自我检查、评价绘画图稿，再次总结其中形体结构、色彩搭配、虚实关系中存在的问题，将自己绘制的图稿与本书作品对比，快速背忆一些自己存在问题的部位，以便在考试时能默画。

第一章　手绘基础

第一节　手绘工具

在手绘表现图的绘制过程中，良好的工具材料对手绘表现起着非常重要的作用。不同的表现工具材料，能够产生不同的表现结果。设计者应根据所要表现设计对象的特点，结合平时所积累的手绘经验，总结出适合自己的表现工具，熟练地掌握这些手绘工具材料的特性和表现技巧是取得高质量手绘表现效果图的基础。

一、铅笔

在手绘效果图中，一般会选择1B或2B铅笔绘制草图。因为1B或2B铅笔的硬度是比较适合手绘的手感的。太硬的铅笔有可能会在纸上留下划痕，如果修改的时候纸上可能会有痕迹，影响美观，而且手感不好，摩擦力会比较大。太软的铅笔对于手绘来说可能力度又不够，很难对形体轮廓进行清晰的表现。

与传统铅笔相比，自动铅笔更适合手绘。选用自动铅笔，绘画者可以根据个人习惯选择不同粗细的笔芯，一般认为0.7mm的笔芯比较适合，但是也有人选用0.5的笔芯，这个主要看个人的手感和习惯。此外，传统铅笔需要经常削，也不好控制粗细。现在大多数人更愿意选择自动铅笔。

二、绘图笔

绘图笔又称为针管笔，笔尖较软，用起来手感很好，比较舒服。而且绘图笔画出来的线条十分均匀，画面会显得很干净。型号一般选用0.1mm、0.2mm、0.3mm，还有粗一点的0.5mm、0.8mm型号，但是用的不多，可以按需购买。品牌一般选用三菱、樱花，但是价格略高，初学者在练习比较多的时候可以选择英雄或晨光品牌，比较便宜。

虽然网络上有很多用圆珠笔绘制的图，但是我们学习专业的手绘是绝

▲2B绘图铅笔

▲自动铅笔

▲中性笔

▲绘图笔

技法详解

廉价的中性笔绘制线条时并不流畅，后期熟练了可以考虑购买品牌或进口中性笔。优质中性笔的绘画手感要大大高于绘图笔。

第1天　做什么

购买各种笔、纸等工具，购买量根据个人水平能力来定，在学习初期，画材的消耗量较大，待操作熟练了，水平提升了，画材的消耗就很稳定，初期可以购买廉价的产品，后期再购买品牌产品。

制订一个比较详细的学习计划，将日程细化到每一天甚至每半天，根据日程来控制进度，至少每天都要动笔练习，这样才能快速提升手绘效果图的水平。

▲美工钢笔

▲美工钢笔笔尖

▲草图笔

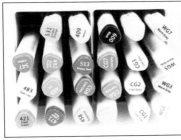

▲马克笔

▲医用酒精

▲油性彩色铅笔

▲水溶性彩色铅笔

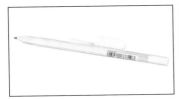

▲白色笔

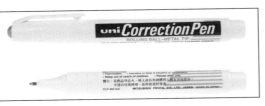

▲涂改液

对不能用圆珠笔或者水性笔的。因为圆珠笔容易形成墨团而且会溶于马克笔，所以画出的效果图会给人很脏的感觉。此外，如果长期练习A3幅面的手绘效果图，可以选用质量较好的中性笔，0.35mm与0.5mm型号各备一支，绘制线条的粗细可以轻松把握，而且线条效果与绘图笔非常接近。

三、美工钢笔与草图笔

手绘美工钢笔的笔尖与普通钢笔的笔尖不一样，是扁平弯曲状的，适合勾线。初学者前期可以选择便宜一点的国产钢笔，后期最好选择好一点的红环、lamy等品牌。草图笔画出来的线条比较流畅，但是比一般针管笔粗，也可以控制力度画出稍细的线条，一气呵成地画出草图。针管笔画出的线条均匀，适合细细勾画线条。目前日本派通牌草图笔用得比较多。

四、马克笔

马克笔是手绘的主要上色工具，通常选用酒精性（水性）马克笔。马克笔笔头是箱型，可以绘制粗细不同的线条，而且适合手绘大面积上色。全套颜色可达300种，但是一般手绘根据个人需要购买80～100支就够了。当马克笔出现干涸时，可以打开笔头，用注射器向里注入普通医用酒精，能延长马克笔的使用寿命。初学者可以选购国产Touch3代或4代，性价比比较高。好一点的可以选择犀牛、韩国Touch、AD等，颜色更饱满，墨水更充足，但价格比较高。

五、彩色铅笔

彩色铅笔是一种非常容易掌握的涂色工具，画出来的效果以及长相都类似于铅笔，一般用于整齐排列线条来强化色彩、材质的层次。彩色铅笔有单支系列（129色）、12色系列、24色系列、36色系列、48色系列、72色系列、96色系列等。一般选择48色或72色系列的即可。彩色铅笔有油性与水溶性两种，以马克笔为主的手绘效果图通常不考虑水溶技法，可以直接选购更便宜的非水溶油性彩色铅笔。

六、白色笔与涂改液

白色笔是在效果图表现中提高画面局部亮度的好工具，白色笔以日本樱花牌最为畅销。涂改液的作用与白色笔相同，只是涂改液的涂绘面积更大，效率更高，适合反光、高光、透光部位点绘。

第二节　绘图习惯

一、握笔的手法

　　手绘效果图时需要注意的几个握笔的要点。握铅笔时，小指轻轻放在纸上，压低笔身，再开始画线，这样可以让手指起到一个支撑点的作用，能稳住笔尖，画出比较直的线条。握绘图笔或中性笔的手法与普通书无差异。但是在画快线时，特别是画横线时，手臂要跟着手一起运动，这样才能保证绘画快线条直；当基础手绘练习得比较熟练时，可以把笔尖拿得离纸张远一点，这样能提高手绘速度；运笔时要控制笔的角度，保证倾斜的笔头与纸张全部接触。正面握笔角度为45°左右，侧面握笔角度为75°左右。

▲正面握笔角度　　　　　　　　　▲侧面握笔角度

二、选笔的习惯

　　绘图笔的粗细型号很多，在A3幅面图纸中绘制，一般可以选用0.2mm、0.4mm、0.8mm三种型号，其他幅面可参考A3幅面来变化，一般先用粗笔绘制主体轮廓线，再逐渐选用较细的型号。很多初学者对自己的运笔技法不自信，常常先用细笔、再用粗笔来重复描绘轮廓，造成不必要的双线，效果并不好。

　　马克笔的选笔是很多初学者比较纠结的问题，马克笔买的种类过多会导致无法快速选择合适的颜色，买得过少又画不出多样的变化。解决这个问题其实比较简单，在着色之前，应当根据表现对象，从笔袋（盒）中一次性选出合适的马克笔，复杂的表现对象最多只选3支，分别是浅色、中间色和深色。简单的表现对象只选2支，不必去背忆家具用多少号，墙面用多少号等，只根据画面关系来把控，选出来的马克笔从浅色到中间色，最后到深色依次着色。先选用的浅色着色面积较大，中间色与深色的着色面积逐渐减小，就能表现出良好的形体关系。当形体关系表现到位后，再选择辅助颜色来丰富画面，例如在以棕色为主的建筑周边增添绿化植物与蓝色水面反射，既能丰富画面，又能避免棕色的单调。当着色完毕后，用过的马克笔不要放回笔袋/盒，在整体调整中可能还会用到，这样避免再次寻找用过的马克笔而浪费时间。

▲运用粗中细多种绘图笔绘制线稿（李碧君）

▲选好笔再绘制

▲保持彩色铅笔笔尖尖锐状态

▲覆盖马克笔区域

彩色铅笔一般用于面积较大的平涂区域，当马克笔着色完成后，马克笔的笔触之间会存在少量的颜色叠加或飞白，彩色铅笔能迅速覆盖和填补这些区域，让画面显得更稳重，彩色铅笔只用于中间色或深色区域，浅色区域一般不用。在选择彩色铅笔时，应当选用比该区域较深的颜色，这样才能起到覆盖的作用，运笔方式一般以倾斜45°为佳，右手持笔绘制出来的线条为左低右高的45°斜线，笔尖时刻保持尖锐状态，这样能绘制出更密集更细腻的线条，形成良好的覆盖面。

三、用笔的步骤

以马克笔为主的手绘效果图表现最大的优势就是快速，如果没有养成良好且严格的用笔步骤，容易在同一个局部区域反复绘制，导致画面脏灰。比较科学地用笔步骤是：

（1）采用铅笔绘制基本轮廓。

（2）用绘图笔或中性笔绘制详细轮廓，并用橡皮擦除铅笔痕迹。

（3）开始用马克笔着色，用彩色铅笔有选择地覆盖密集线条。

（4）用深色马克笔和绘图笔或中性笔加深暗部，用白色涂改液提亮高光或透白。

▲联排别墅建筑绘制（夏婕）

▲建筑游泳池绘制（贺怡）

第2天

做什么

在绘图过程中常见的不良习惯有以下4种，要特别注意更正：

1. 长期依赖铅笔绘制精细的形体轮廓，认为一旦用了绘图笔或中性笔就不能修改了，造成铅笔绘制时间过长而浪费时间，擦除难度大而污染画面。依赖铅笔绘制精细的形体轮廓是对自己不自信，担心画不好。可以单独练习线条，待线条操控到位了再正式开始绘制。

2. 对形体轮廓描绘和着色这两个步骤先后顺序没有厘清，一会儿用绘图笔绘制轮廓，一会儿用马克笔着色，一会儿又拿起绘图笔强化结构，在短时间内反复多次换笔容易造成两种笔墨之间串色，导致画面污染，应当严格厘清前后关系，先绘制轮廓后着色，这样能避免后期用马克笔反复涂绘而遮盖前期的轮廓。

3. 停留在一个局部反复涂绘，总觉得没画好，认为只有需要涂绘才能挽救，马克笔选色后涂绘是一次成形，只能深色覆盖浅色，而浅色是无法覆盖深色的。

4. 大量使用深色甚至黑色马克笔，认为加深颜色才能凸显效果，其实效果来自于对比，如果画面四处都是深色也就没有了对比，效果无从谈起。在整体画面中，比较合理的层次关系按笔触覆盖面积来计算，应该是15%深色，50%中间色，30%浅色，5%透白或高光。

　　线条是塑造表现对象的基础，几乎所有效果图的表现技法都需要一个完整的形体结构。线条结构表现图的用途很广泛，包括设计工作的方方面面，如收集素材、记录形象、设计草案、图面表现等，严谨正确的绘制方法需要经过长期训练。

一、线条用笔

　　手绘效果图最流行的绘制工具是自动铅笔、绘图笔（针管笔）、中性笔、美工钢笔四种。

1. 自动铅笔

　　自动铅笔取代了传统铅笔，可以免削切，一般有0.35mm、0.5mm和0.7mm三种型号，可根据效果图绘制的幅面大小灵活选用，线条自由飘逸，轻重缓急随意控制。自动铅笔一般用来绘制底稿，力度要轻，以自己能勉强看见为佳，以免着色后再用橡皮擦除，破坏整体图面的色彩饱和度。

2. 绘图笔

　　绘图笔主要有两种，一种是传统机械式绘图笔，又称为针管笔；另一种是一次性绘图笔。前者可以填充墨水，多次使用，线条纯度高，绘制后要等待干燥，日常还需注意保养维护；后者使用轻松，但时间久了线条色彩会越来越浅，需要经常更换，使用成本较高。

3. 中性笔

　　中性笔主要用于书写，绘制连续线条时可能会出现粗细不均的现象，中性笔主要用来临时表达设计创意，也可以在此基础上覆盖马克笔或彩色铅笔着色。中性笔笔芯可以更换，一般为0.35mm、0.5mm两种型号，其中0.35mm一般用于绘制在纸张上，0.5mm可以在施工现场使用，随意在装饰板材、墙壁上绘制草图，适用性更广。目前，市面上还能买到红、绿、蓝、褐等多种色彩中性笔笔芯，丰富了线条结构的表现。

4. 美工钢笔

　　美工钢笔又称为速写钢笔，笔尖扁平，能绘制出形态各异的线条，粗细随意掌握，一般用于临时性结构效果表现，或者用来加强形体轮廓。更多的设计师习惯用于户外写生或快速记录施工现场的环境构造。

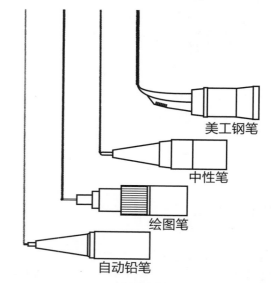

美工钢笔

中性笔

绘图笔

自动铅笔

▲线条的绘制工具

▲线条练习（董成）

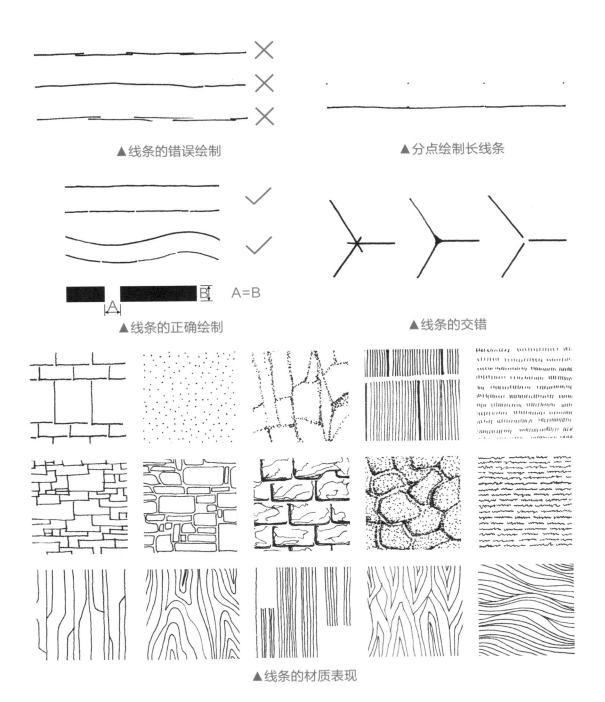

▲线条的错误绘制 ▲分点绘制长线条

A=B

▲线条的正确绘制 ▲线条的交错

▲线条的材质表现

二、线条基础绘制技法

各种线条的组合能排列出不同的效果，线条与线条之间的空白能形成视觉差异，形成不同的材质感觉。此外，经常用线条表现一些环境物品，将笔头练习当作生活习惯，可以快速提高表现能力，值班室、车站、亭台楼阁都是很好的练习对象。绘制这些建筑要完整，待观察、思考后再作绘制，不能半途而废。针对复杂的树木，要抓住重点，细致表现局部；针对简单的家具，要抓住转折，强化表现结构。手绘线条要轻松自然，善于利用日常零散时间做反复练习。

绘制短线条时不要心急，一笔一线来绘制，切忌连笔、带笔，笔尖与纸面之间的角度最好保持75°左右，使整条图线均匀一致。绘制长线条时不要一笔到位，可以分多段线条来拼接，接头保持空隙，但空隙的宽度不宜超过线条的粗度。线条过长可能会难以控制它的直度，可以先用铅笔做点位标记，再沿着点标连接线条，绘图笔的墨水线条最终遮盖了铅笔标记。线条绘制可局部小弯，但求整体大直。需要表达衔接的结构，两根线条可以适度交错；强化结构时，可以适度连接；虚化结构时，可以适度留白。绘制整体结构时，外轮廓的线条应该适度加粗强调，尤其是转折和地面投影部位。

为了快速提高，可以抓住生活中的瞬间场景，时常绘制一些植物、空间形体，有助于熟悉线条的表现能力。

第3天 对各种线条进行强化训练，把握好长直线的绘画方式，严格控制线条交错的部位，要求对圆弧线、自由曲线能一笔到位。

做什么

三、线条强化练习

1. 直线

直线分快线和慢线。画慢线是眼睛盯着笔尖画，容易抖，画出的线条不够灵动。画快线是一气呵成，但是容易出错，修改不方便。国内目前有很多用慢线画的效果图，但冲击力不够，给人比较严谨死板的感觉；快线要求有比较强的能力，需要大量的练习才能掌握到精髓。

画长线的时候最好分段画。人的精神集中注意能够保持的时间不长，把长线分成几段断线来画肯定会比一气画出的长线直。分段画的时候，短线之间需要留一定的空隙，不能连在一起。

画直线的时候起笔和收笔非常重要。起笔和收笔的笔锋能够体现绘画者的绘画技巧以及熟练程度。起笔收笔的不同大小往往能表现绘画者的绘画风格。

画交叉线的时候一定要注意两条线一定要有明显的交叉，最好是反方向延长的线，这样才能看得清。这样做交叉是为了防止两条线的交叉点出现墨团；交叉的方式也给出了绘画者延伸的想象力。

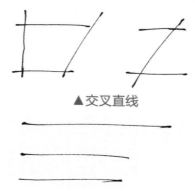

▲交叉直线

▲直线的起笔与收笔

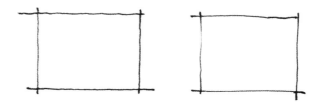

▲慢线　　　　　　　▲快线

技法详解

慢线一般用于效果图中的主要对象，或是位于画面中心的对象，这些对象都是描绘的重点，慢线能找准比例和透视。快线一般用于效果图中的次要对象，或是位于画面周边的对象，这些对象基本属于配饰，快线能提高绘制速度，同时形成一气呵成的畅快效果。

▲慢线绘制的建筑（吴翰）　　　　　▲快线绘制的建筑（吴翰）

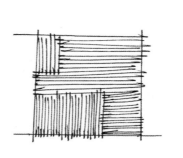
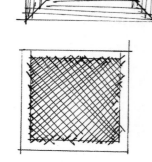
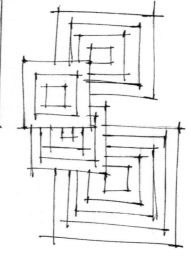

▲长短直线练习

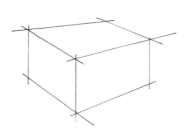

▲ 用尺绘制

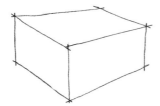

▲ 徒手绘制

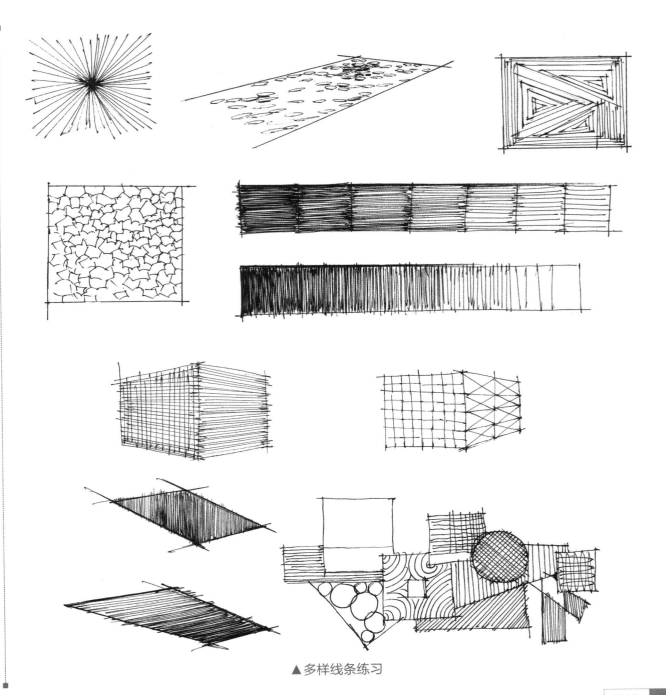

▲ 多样线条练习

2. 曲线

曲线和长线一样需要分段画，才能把比例画的比较好。如果一气呵成可能导致画得不符合正常比例，修改不方便。曲线需要一定的功底才能画好，需要大量的练习线条才能流畅生动。

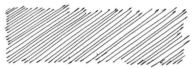

▲曲线

3. 乱线

乱线在表现建筑阴影等的时候会用得较多。画乱线有一个小技巧，直线曲线交替画，画出来的线条才会既有自然美又有规律美。

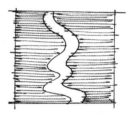
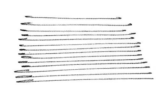
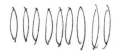

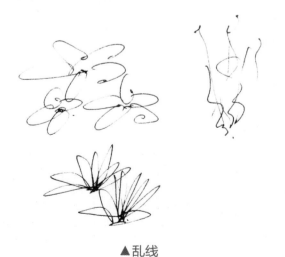

▲多样线条练习

▲乱线

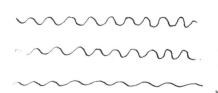 ×
×
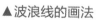 ✓

▲波浪线的画法

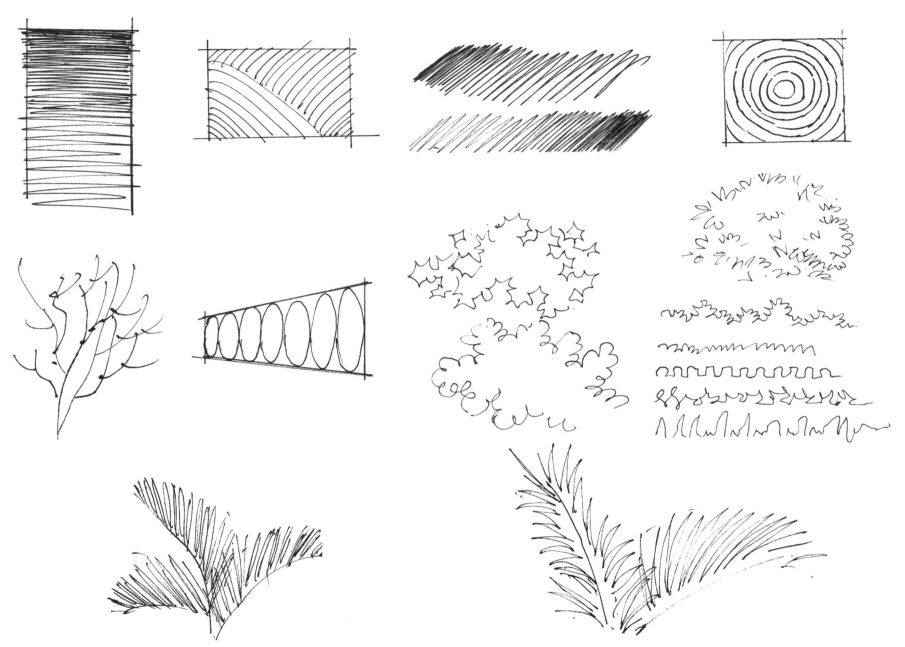

▲多样线条练习

第四节 透视基础

一、透视原理

手绘效果图的基础就是塑造设计对象形体的基础，对象形体表达完整了，效果图才能深入下去，透视原理是正确表达形体的要素。学习效果图透视原理要脚踏实地地展开。从局部、细节入手，为后期的深入打下坚实的基础，切不可操之过急。绘制效果图必须掌握透视学的基本原理以及常用的制图方法，一张好的手绘效果图必须符合几何投影规律，较真实地反映预想或特定的空间效果。

透视图是三维图像在二维空间的集中表现，它是评价一个设计方案的好方法。利用透视图，可以观察项目中的设计对象在特定环境中的效果，从而在项目进展的初期就能发现可能存在的设计问题，并将之很好地解决。

物体在人眼视网膜上的成像原理与照相机通过镜头在底片上的成像原理相同，只是人在用双眼来观察世界，而相机一般只用一个镜头来拍摄。如果我们假设在眼睛前及物体之间设一块玻璃，那么在玻璃上所反映的就是物体的透视图。透视图的基本原则有两点，一是近大远小，即离视点越近的物体越大，反之越小；二是不平行于画面的对象平行线其透视交于一点。

透视主要有三种方式：一点透视（平行透视）、两点透视（成角透视）和三点透视。在一点透视中，观察者与面前的空间平行，只有一个消失点，所有的线条都从这个点投射出，设计对象呈四平八稳的状态，有利于表现建筑的端庄感和开阔感。在两点透视中观察者与面前的空间形成一定的角度，所有的线条源于两个消失点，即左消失点和右消失点，它有利于表现设计对象的细节和层次。三点透视很少使用，它与两点透视比较类似，只是观察者的脑袋有点后仰，就好像观察者在仰望一座高楼，它适合表现高耸的建筑和内空。

观察者所站的高度也决定着对建筑对象的观察方式。仰视是一种从地面或地面以下高度向上看的方式，这种观察方式不常见。平视是最典型且最常用的一种方式，我们一般就是用这种方式观察周围物体。最后一种方式是鸟瞰，即从某个对象的上方来观察它，这种方式比较适合表现设计项目的全貌。

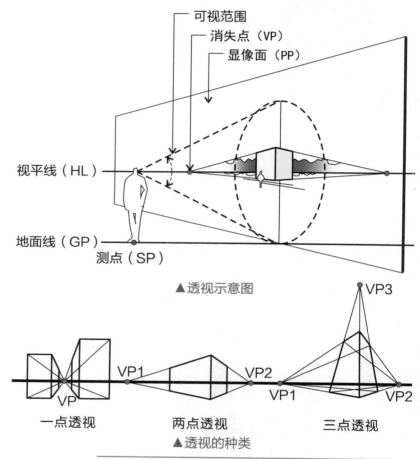

可视范围
消失点（VP）
显像面（PP）
视平线（HL）
地面线（GP）
测点（SP）

▲ 透视示意图

VP3
VP1　　VP2
VP　　　　VP1　　VP2

一点透视　　　两点透视　　　三点透视

▲ 透视的种类

第4天
做什么

无论以往是否系统地学过透视，现在都要配合线条的练习重新温习一遍，对透视原理知识进行巩固。透彻理会一点透视、两点透视、三点透视的生成原理。先对照本书绘制各种透视线稿，再根据自己的理解独立绘制一些室内家具、陈设品的透视线稿。最初练习绘制幅面不宜过大，一般以A4为佳。

二、一点透视

一点透视是当人正对着物体进行观察时所产生的透视范围。一点透视中人是对着消失点的，物体的斜线一定会延长相交于消失点，横线和竖线一定垂直且相互间是平行的。通过这种斜线相交于一点的画法才能画出近大远小的效果。

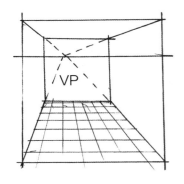
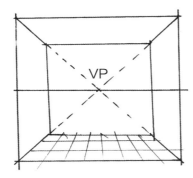
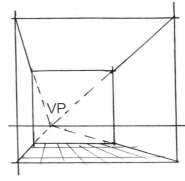
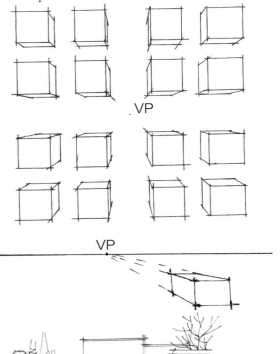

▲一点透视视点定位

▲一点透视园林建筑（刘慧子）

▲一点透视住宅建筑

三、两点透视

当人站在正面的某个角度看物体时，就会产生两点透视。两点透视更符合人的正常视角，比一点透视更加生动实用。

一点透视是所有的斜线消失于一点上，两点透视是所有的斜线消失于左右两点上，物体的对角正对着人的视线，所以才叫作两点透视。相较于一点透视，两点透视的难度更大，更容易画错。因为有两个消失点，所以左右两边的斜线既要相互交于一点，又要保证两边的斜线比例正常。

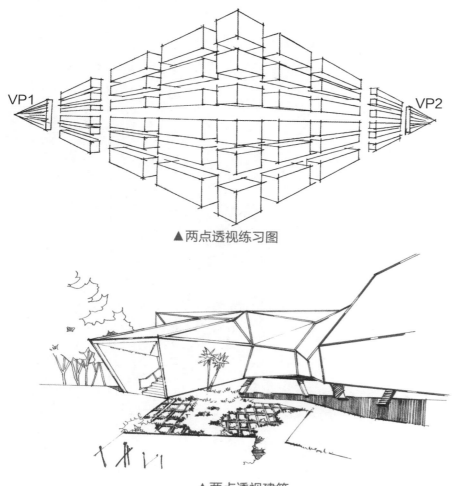

VP1   VP2

▲两点透视画法

▲两点透视练习图

▲两点透视练习图

▲两点透视建筑

▲两点透视建筑小品

四、三点透视

三点透视主要用于高大的建筑效果图，绘制方法很多，真正应用起来很复杂，在此介绍一种快速实用的绘制方法。现在构建一个高耸形体的外观三点透视图，已经得知形体的整体长、宽、高，绘制一个仰视角度的透视图，它与普通两点透视的效果类似，但是形体顶部有向上的消失感，因此，视平线的定位要低一些。

在快速手绘效果图中，要定位三点透视的感觉比较简单，可以在两点透视的基础上增加一个消失点，这个消失点可以定在两点透视中左右两个消失点连线的上方（仰视）或下方（俯视），最终三个消失点的连线能形成一个近似等边三角形。

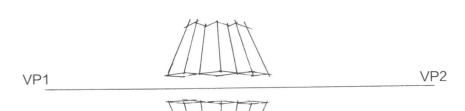

▲三点透视画法

▲三点透视建筑（赵媛）

▲三点透视建筑（赵媛）

▲一点透视咨询亭（吴翰）

▲两点透视咨询亭（吴翰）

技法详解

　　学习手绘效果图，不仅要练习基础线条，最重要的是要学会透视原理。透视效果图不难理解，但是真正画起来并不容易，容易出现各种小错误。学习效果图透视一定不要操之过急，打好基础之后，才能画出符合基本规律的效果图，然后再来发挥我们自己的创意与灵感。因为效果手绘图和真正的艺术是有区别的，绘制出符合正常审美的透视图，才可能是一张成功的手绘效果图。

　　透视的三大要素：近大远小、近明远暗、近实远虚。

　　距离人越近的物体画得越大，距离人越远的物体画得越小，但是要注意比例。不平行于画面的平行线其透视交于一点。

▲三点透视咨询亭（吴翰）

第二章 建筑单体表现

第一节　线稿与着色方法

一、线稿绘制

前一章节对线稿的基础练习做了基本介绍，线稿在手绘效果图中相当于基础骨架，要提高绘图速度就应当加强训练，要对线稿一步到位。

初学者对形体结构不太清楚，可以先用铅笔绘制基本轮廓，基本轮廓可以很轻，轻到只有自己看得见就行，基本轮廓存在的意义主要是给绘图者建立自信心，但是不应将轮廓画得很细致，否则后期需要用橡皮来擦除铅笔轮廓，这样就会浪费宝贵时间，同时还会污染画面。比较妥当的轮廓是大部分能被绘图笔或中性笔线条覆盖，小部分能被后期的马克笔色彩覆盖。

有了比较准确的基本轮廓就一定能将形体画准确，为进一步着色打好基础。

▲铅笔轻轮廓　　　　▲中性笔线稿

二、马克笔着色

很多初学者都认为马克笔着色是最出效果的，马克笔的效果来自于其色彩干净、明快，能形成很强烈的明暗对比、色彩对比，此外，马克笔颜色品种多，便于选择也是其重要优点。但是马克笔也存在缺点，如不能重复修改，必须一步到位，笔尖较粗，很难刻画精致的细节等，这些就需要我们在绘制过程中克服。

本书图例所选用的马克笔是国产touch3代产品，价格低廉，色彩品种多样。建议在选购时，可以购买全套168色，在建筑效果图中，主要选用灰色系列中的暖灰WG、冷灰CG、蓝灰BG、绿灰GG，能满足各种场景效果图使用，其他纯度较高的颜色也应当随时选用，点缀图面中的精彩局部。可以将买到的马克笔制作成一张简单的色彩图，贴在桌旁，在绘制时可以随时查看参考。

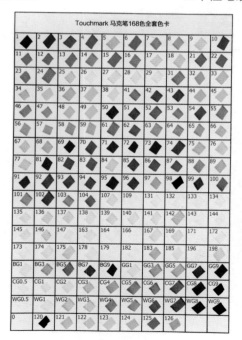

▲touch3代马克笔色卡

第6天

做什么

临摹本章节建筑各种单体线稿与2～3张A4幅面，注重单体物件形体的透视比例与造型细节，采用线条来强化明暗关系，再对照实景照片，绘制2～3张A4幅面简单的建筑单体物品。

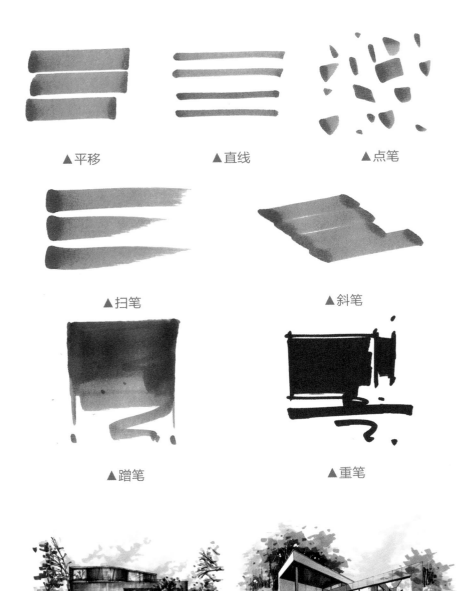

▲平移　　　　　▲直线　　　　　▲点笔

▲扫笔　　　　　▲斜笔

▲蹭笔　　　　　▲重笔

▲涂改液点白（龚涵）　　　　　▲中性笔点白（贺怡）

1. 常规技法

（1）平移。这是最常用的马克笔绘制技法。下笔的时候，速度要干净利落，将平整的笔端完全与纸面接触，快速、果断地画出笔触。起笔的时候，不能犹豫不决，不能长时间停留在纸面上，否则纸上会有较大面积积水，形成不良效果。

（2）直线。这与我们用绘图笔或中性笔绘制直线是一样的，一般用宽头端的侧锋或用细头端来画，下笔和收笔时应当有短暂停留，停留时间很短，甚至让人察觉不到，主要目的是形成比较完整的开始和结尾，不会让人感到很轻浮。由于线条也细，因此这种直线一般用于确定着色边界，但是也要注意，不应将所有着色边缘都用直线来框定，这样会令人感到僵硬。

（3）点笔。主要用来绘制蓬松的物体，如植物、地毯等。也可用于过渡，活泼画面气氛，或用来给大面积着色作点缀。在进行点笔的时候，注意要将笔头完全贴于纸面。点笔时可以做各种提、挑、拖等动作，使点笔的表现技法更丰富。

2. 特殊技法

（1）扫笔。在运笔的同时快速地抬起笔，并加快运笔速度，用笔触留下一条长短合适、由深到浅的笔触。扫笔多用于处理画面边缘或需要柔和过渡的部位。

（2）斜笔。斜笔技法用于处理菱形或三角形着色部位，这种运笔对于初学者来说很难接受，但是在实际运用中却不多，推笔可以通过调整笔端倾斜度来处理出不同的宽度和斜度。

（3）蹭笔。用马克笔快速地蹭出一个面域。蹭笔适合过渡渐变部位着色，画面效果会显得更柔和、干净。

（4）重笔。重笔是用WG9号、CG9号、120号等深色马克笔来绘制，在一幅作品中不要大面积使用这种技法，仅用于投影部位，在最后调整阶段适当使用，主要作用是拉开画面层次，使形体更加清晰。

（5）点白。点白工具有涂改液和白色笔两种。涂改液用于较大面积点白，白色笔用于细节精确部位点白。点白一般用于在受光最多、最亮的部位，如光滑材质、玻璃、灯光、交界线等亮部。如果画面显得很闷，也可以点一些。但是高光提白不是万能的，不宜用太多，否则画面看起来会很脏。

作为建筑中重要的配景元素，自然界中的植物形态万千，有的秀丽颀长，有的笔直粗壮，各具特色。各种植物的枝、干、冠构成以及分枝习性决定了各自的形态和特征。植物在园林设计中占的比例是非常大的，其表现是透视图中不可或缺的一部分。在建筑设计中运用较为广泛的植物主要分为乔木、灌木、草本、棕榈科等。每一种植物的生长习性各不不同，造型各异，关键在于能够找到合适的方式去表达。

学画树时，首先应学会观察各种树的形态、特征及各部分的关系，了解树的外轮廓形状，整株树的高宽比和干冠比，树冠的形状、疏密和质感，掌握动态落叶树的枝干结构，这对树的绘制是很有帮助的，进行基础植物练习的时候，我们可以把所有的植物都看作一个球体。这样的话，更便于理解植物的基本体块关系。

初学者学画树可从临摹各种形态的植物图例开始。

植物在现实生活中形态非常复杂，我们不可能把所有树叶和枝干都非常写实地刻画出来。在塑造的时候要学会概括，用抖线的方法把树叶的外形画出来，但是不要过于僵硬，注意植物的形态是非常自然的，在画的时候也要很自然。

1. 乔木的表现

乔木一般分为五个部分：干、枝、叶、梢、根，从树的形态特征看有缠枝、分枝、细裂、节疤等，树叶有互生、对生的区别，了解这些基本的特征规律有利于我们快速地进行表现。画树时先画树干，树干是构成整棵植物的框架，注重枝干的分枝习性。处理枝干时应注意线条不要太直，要用比较流畅、自然的线条，也要注意枝干分枝位置的处理，要处理出分枝

第7天 做什么

先临摹2～3张A4幅面乔木植物，分出乔木的多种颜色，厘清光照的远近层次，要对树叶整体层次进行归纳再绘制，不能完全写实，再对照实景照片，绘制2～3张A4幅面简单的乔木植物。

处的鼓点。树的生长是由主干向外伸展。它的外轮廓基本形体按其最概括的形式来分有：球或多球体的组合、圆锥、圆柱、卵圆体等。对于不同形态的植物图例，掌握好树干的形态有助于快速准确地画好植物的轮廓。

树的体积感是由茂密的树叶形成的。在光线的照射下，迎光的一面最亮，背光的一面则比较暗，里层的枝叶，由于处于阴影之中，所以最暗。自然界中的植物明暗要丰富得多，应概括为黑白灰三个层次关系。在手绘草图中，植物只作为配景，明暗不宜变化过多，不然会喧宾夺主。

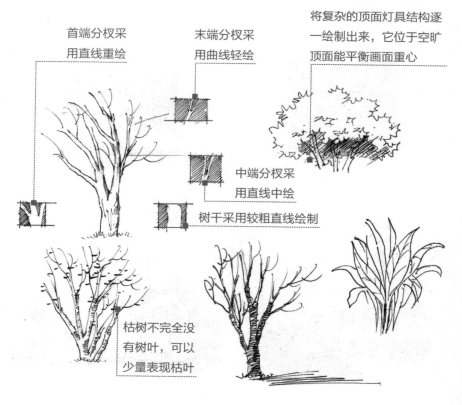

将复杂的顶面灯具结构逐一绘制出来，它位于空旷顶面能平衡画面重心

首端分杈采用直线重绘

末端分杈采用曲线轻绘

中端分杈采用直线中绘

树干采用较粗直线绘制

枯树不完全没有树叶，可以少量表现枯叶

▲乔木单体表现技法

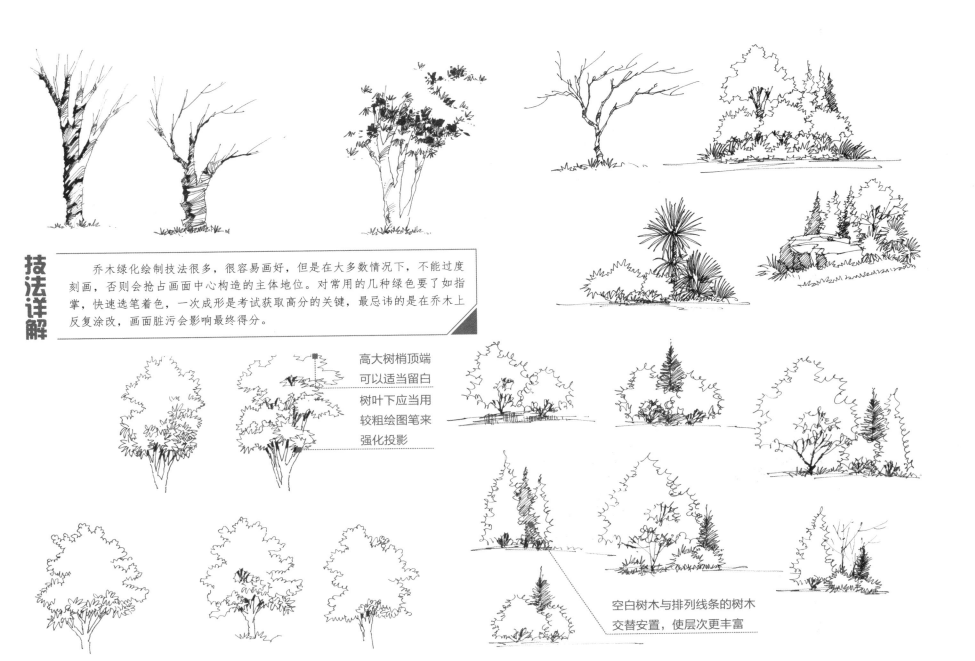

技法详解　　乔木绿化绘制技法很多，很容易画好，但是在大多数情况下，不能过度刻画，否则会抢占画面中心构造的主体地位。对常用的几种绿色要了如指掌，快速选笔着色，一次成形是考试获取高分的关键，最忌讳的是在乔木上反复涂改，画面脏污会影响最终得分。

高大树梢顶端
可以适当留白
树叶下应当用
较粗绘图笔来
强化投影

空白树木与排列线条的树木
交替安置，使层次更丰富

▲各种常见乔木单体表现

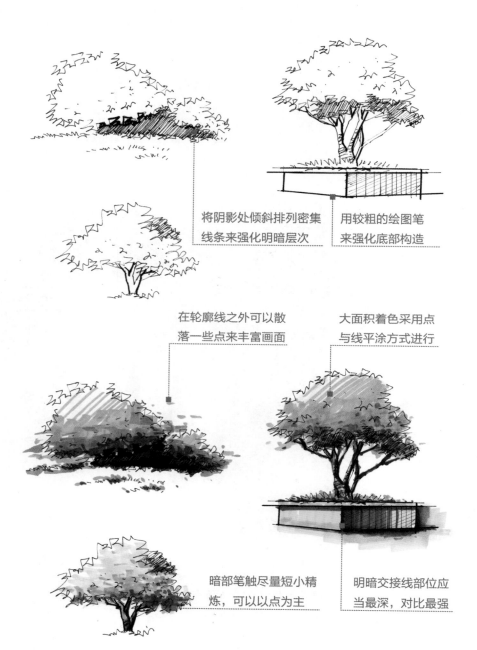

将阴影处倾斜排列密集线条来强化明暗层次

用较粗的绘图笔来强化底部构造

在轮廓线之外可以散落一些点来丰富画面

大面积着色采用点与线平涂方式进行

暗部笔触尽量短小精炼，可以以点为主

明暗交接线部位应当最深，对比最强

▲ 灌木与乔木的单体表现

2. 灌木的表现

灌木与乔木不同。灌木植株相对矮小，没有明显的主干，是丛生状的植物。灌木一般是观赏类植物。单株的灌木画法与乔木相同，只是没有明显的主干，而是近地处枝干丛生。灌木通常以片植为主，有自然式种植和规则式种植两种，其画法大同小异，注意虚实的变化，进行分块，抓大关系，切忌琐碎。

3. 修剪类植物的表现

修剪类植物主要体现在造型的几何化。在画这类植物时要注意一些细节处理，用笔排线略有变化，避免过于呆板，把握基本几何形体，找准明暗交界线即可。画这类植物时应注意"近实远虚"，靠后的枝条可以适当虚化，分出受光面和背光面。画树叶时从背光面开始画，先画深后画浅，最后画受光面。

4. 棕榈科植物的表现

椰子树是建筑效果图中最常见的一种棕榈科热带植物，因为形式感强烈而作为主景区的植物之一。与前两种植物不同，椰子树的形态及叶片、树干都比较特别，处理时要把植物张扬的形态处理好。注意叶片从根部到尖部由大到小的渐变处理，以及叶片与叶脉之间的距离与流畅性，而树干的处理都以横向纹理为主，从上到下逐渐虚化。

棕榈相对于椰子树而言比较复杂，处理时要把多层次的叶片及暗部分组处理，树冠左右要处理协调。根据生长形态把基本骨架勾画出来，根据骨架的生长规律画出植物叶片的详细形态；在完成基本的骨架之后开始进行一些植物形态与细节的刻画；注意树冠与树枝之间的比例关系。

5. 花草及地被的表现

花草根据其生长规律，大致可以分为直立型、丛生型、攀缘型三种。表现时应注意画大的轮廓以及边缘的处理，可若隐若现，边缘处理不可过于呆板。若花草作为前景时则需要应其形态特征进行深入刻画，若作为远景则可以不用刻画得那么细致。而攀缘植物一般多应用于花坛或者花架上面，需要尽力表现出其长短不一的趣味性，同时注意植物对物体的遮挡关系。

枯树适用于建筑前景，没有树叶能清晰看到建筑原貌

树梢顶部一般不着色，用来表现顶部受光最强

用涂改液在暗部适当点白用于表现树叶之间透光效果

用涂改液或白色笔绘制斜线，用来表现风雨或阳光的存在感

并不是所有树木都只用近似色，选用色相差异较大的颜色也能丰富色彩效果

位于地面的树木阴影也要分两种颜色来丰富画面效果

剪影式树木适用于远处，着色单一

技法详解

绿化植物绘制的难点在于把握不清叶片的前后结构，在绘画过程中不必强求要将叶片之间的关系厘清，只是从平面视角来观察日常生活中的绿化植物，先绘制前部叶片，再在叶片之间补足后部叶片的形体轮廓即可，采用自由曲线绘制。最后在叶片上部或间隙处插入花卉，重点表现盆栽底部的投影。

第8天

做什么

先临摹2～3张A4幅面灌木植物，分出灌木的多种颜色，厘清光照的远近层次，要对叶片进行归纳再绘制，不能完全写实，再对照实景照片，绘制2～3张A4幅面简单的灌木植物。

▲ 各种常见植物单体表现

景石的轮廓明显，富于变化，无论是在景观、建筑或是室内表现图中都是很好的配景。景石的画法不一，根据不同空间表现形式也不一样。

国画中提出："石分三面"是说把石头视为一个六面体，勾勒其轮廓，将石头的左、右、上三个部分表现出来，这样就有体块感了，另外将三个面区分明确，然后再考虑石头的凹凸、转折、厚薄、虚实等，下笔时要适当的顿挫曲折，所谓下笔便是凹凸之形。

处理石头的时候要注意体块感、转折和石头本身的质感及硬度，这里所说的硬度不是通过尖角来表现，而是通过线条的力度和线条组织出的结构形态来体现石头的硬度和体积，阴影的处理更能体现出石头的空间感。注意，画石头一定要注意暗部的虚实关系和阴影关系。

在刻画石头这一类材质的时候，要分面刻画，面与面之间要明显，表现山石时用线要硬朗一些；画石头的时候，"明暗交界线"是交代石头的转折面，也是刻画的重点，石头的亮面线条硬朗，运笔要快，线条的感觉坚韧。注意留出反光，也就是在暗部刻画时，反光面用线比较少。石头的暗面线条顿挫感较强，运笔较慢，线条较粗较重，有力透纸背之感。

石头的形态表现要圆中透硬，在石头下面加少量草地效果表现，以衬托着地效果。石头不适合单独配置，通常是成组出现，要注意石头大小相配的群组关系。

建筑园林的设计中，山石的表现有动静之分，有深有浅。我们在表现其材质、动静的时候，用笔要干脆，根据不同的石材，表现不同的色彩，最主要的是表现出石头的体块感。

石头上色不要太复杂，主要用冷灰色或者暖灰色按照线稿的结构来处理出石头的色彩以及明暗的变化，根据石头种类的不同，处理过程中要注意冷暖色调的协调。

大多数水体旁都会有山石，可以用褐色、棕黄色、灰色系列马克笔绘制，运笔肯定挺拔，尽量用短直线运笔，要表现出石材的坚硬质感，注意明暗面的素描关系。

第9天 做什么

先临摹2张A4幅面石头，仔细观察石头呈现出的真实色彩，注重反光颜色与高光颜色之间的关系，再对照实景照片，绘制2张A4幅面石头。

山石轮廓用较直的线条绘制，可以表现出山石的挺括感

暗部采用密集线条排列强化明暗投影

山石旁的地面或水面差用横向线条密集排列，强化地面投影

▲山石单体表现线稿

山石颜色选用偏红的灰色

暗部可以叠加深灰色

技法详解

　　山石表现主要来自造型，线条绘制是关键，运用直线与适当的顿挫与交错来表现山石的厚重感与体积感。山石的造型应当前后有致，能形成高低对比的差异。

　　至于山石用什么颜色没有太多要求，以偏灰为主，但是不同山石同处一个画面中，就要将色彩区分开。在暗部要强化投影，适当运用点笔和短摆笔来丰富画面。

明暗交接线部位用较粗绘图笔强化

草坪地面对绿色的把握要准确，选用2~3种色调不同的绿色覆盖，由深到浅绘制

在受光面也可以分两种色调，这两种色调之间的过渡用长笔触来表现

单纯用灰色来表现山石容易让画面显得单调，但是搭配在画面丰富的建筑效果图中又恰到好处

在暗部适当露白能体现画面的轻松精致，这比用涂改液来点白效果要好很多

周边绿化植物着色以点为主，颜色较深，深色能衬托山石亮部的浅色

▲山石单体表现着色

　　门窗是建筑立面上的重要组成部分，建筑门窗的处理会直接影响到建筑的整体效果。那么，我们在刻画的时候，需要将门框及窗框尽量画得窄一些，然后添加厚度，这样才显得不单薄，有立体感。一般凹进去的门窗、雨搭或者上沿部分会有阴影，注意处理。

　　门窗的玻璃颜色一直是初学者比较纠结的，不知道该用什么颜色好，其实玻璃颜色来自于周围建筑、景观的影像反射。我们通常用中性的蓝色、绿色来表现，至于选用哪些标号的马克笔就没有定论了。不要对门窗玻璃颜色选用固定模式，应随着环境的变化来选择。如果门窗玻璃面积大，周围环境少，可以在玻璃上赋予3~5种深色；门窗玻璃面积小，周围环境多，可以在玻璃上赋予1~2种深色。颜色的选用一般首选深蓝色与深绿色，为了丰富凸面效果，可以配置少量深紫色、深褐色，但是不要用黑色。在门窗玻璃的运笔上也要注意，一般是横向运笔，不要受竖向门窗的结构迷惑，横向运笔能让效果更整体，深色在下，浅色在上，由地面反射颜色，过渡到天空反射颜色。

　　当颜色赋予完成后，还要表现出玻璃光滑的质感，这也是画玻璃的重点部分。在处理光滑材质的时候，需要用很强烈的对比来塑造，一半是深色，一半是浅色，但是最重的部位还是不要用黑色，最亮的部分可以留白，或用涂改液来提亮。现代建筑、景观设计中应用到玻璃材质很多，因此应该在玻璃材质的表现上多加练习。非玻璃门窗一般选用较深的颜色，如黄褐色的木纹色，红棕色的铁门色等，虽然不用表现反光，但是要和周边墙面的浅色形成对比，应当采取深色门窗配浅色墙面的基本格调，如果设计特殊，也可以相反，但是门窗与墙面不能选用同一个明暗度。

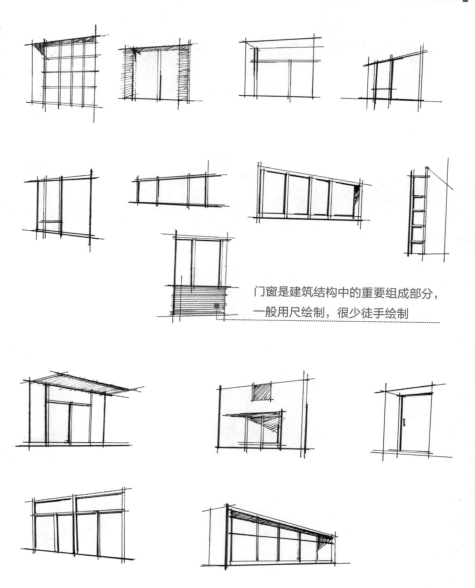

门窗是建筑结构中的重要组成部分，一般用尺绘制，很少徒手绘制

▲门窗单体表现线稿

第10天

做什么

先临摹本章节门窗的形体结构，注重门窗的长宽比例关系，着色时强化背忆门窗玻璃与框架的配色，区分不同材质门窗的运笔方法。此外，门窗形式可以参考相关图片，或对身边的建筑拍照并打印，对着照片绘制。

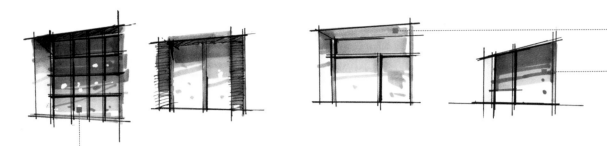

建筑墙体主要选用灰色来表现，偏暖或偏冷都可以

门窗玻璃着色从上向下横向运笔，由深到浅依次绘制，到下端后适当用点笔来丰富画面

玻璃颜色一般用深绿色或深蓝色，逐渐向下推延到浅色或白色，中间点绘涂改液用于表现较强的反光

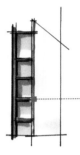

门窗边框一般为双线，用于表现窗框的体积感和厚度感，边框同时也是玻璃着色后，笔触渗透出边缘的缓冲区

门窗结构的侧面面积很小，深色应进一步加深才能衬托出亮部

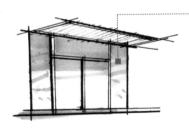

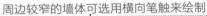

周边较窄的墙体可选用横向笔触来绘制

技法详解

　　门窗的着色表现比较单一，为了避免枯燥无味，应当对简单的门窗色彩复杂化处理。处理方法主要有两种。一种是对门窗构造进行分解，每个形体采用不同颜色，这种方法适用于形体较大的复杂门窗。另一种是丰富门窗周围绿化、水景、天空的色彩，将配景颜色丰富化，但是不宜对配景进行深入刻画，否则就容易喧宾夺主。

凸出的建筑结构处于边缘，受光明显，一般不着色

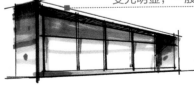

▲门窗单体表现着色

第五节　体块表现

阴影是物体受到光照射产生的，是客观存在的物理现象，需要强调的是光线不能改变物体的形体结构。因此一旦物体出现了影子，那我们就要想好光源来自哪里。当然光源分为点光源和线光源等，但我们在建筑手绘表现中所指的光线统一为直线光。

阴影的三大面是指有光线的地方就会出现阴影，两者是相互依存的。反之，我们可以根据阴影寻找光源和光线的方向，从而表现一个物体的阴暗色调，并正确处理其色调关系。

首先要对对象的形体结构有正确的、深刻的理解和认识。因为光线可以改变影子的大小和方向，但是不能改变物体的形态和结构，物体并不都是规矩的几何体，所以各个面的朝向不同，色调、色差和明暗都会发生变化。有了光影变化，建筑手绘表现才有了多样性和偶然性。所以我们必须抓住形成物体体积的基本成分，即物体受光后出现了受光面和背光面两大部分，以及中间层次的灰色，也就是我们经常说的"三大面"。

第11天　做什么

先临摹2张A4幅面建筑体块，找准明暗关系，塑造出强烈的体积感，以马克笔为主，适当运用彩色铅笔来增加层次，注重运笔的方向，注意排列线条来强化建筑体块的暗部。

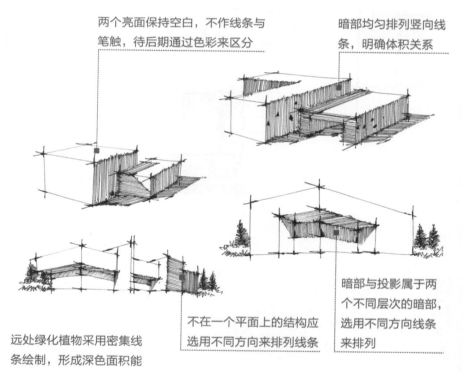

两个亮面保持空白，不作线条与笔触，待后期通过色彩来区分

暗部均匀排列竖向线条，明确体积关系

暗部与投影属于两个不同层次的暗部，选用不同方向线条来排列

不在一个平面上的结构应选用不同方向来排列线条

远处绿化植物采用密集线条绘制，形成深色面积能衬托出建筑浅色

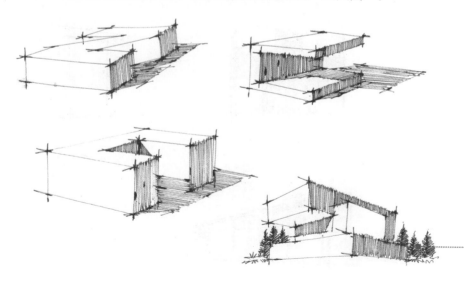

▲体块单体表现线稿

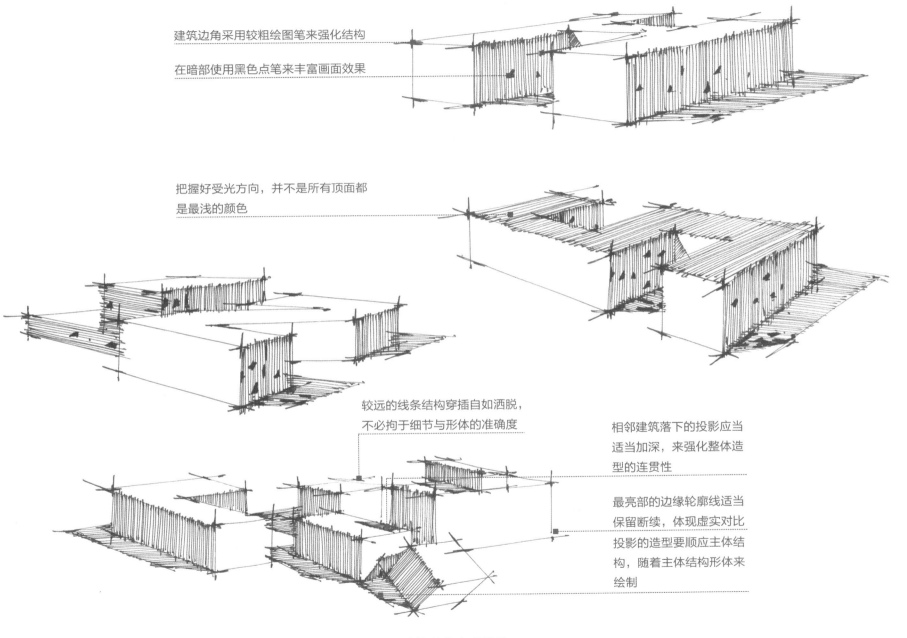

建筑边角采用较粗绘图笔来强化结构

在暗部使用黑色点笔来丰富画面效果

把握好受光方向，并不是所有顶面都
是最浅的颜色

较远的线条结构穿插自如洒脱，
不必拘于细节与形体的准确度

相邻建筑落下的投影应当
适当加深，来强化整体造
型的连贯性

最亮部的边缘轮廓线适当
保留断续，体现虚实对比

投影的造型要顺应主体结
构，随着主体结构形体来
绘制

▲体块单体表现线稿

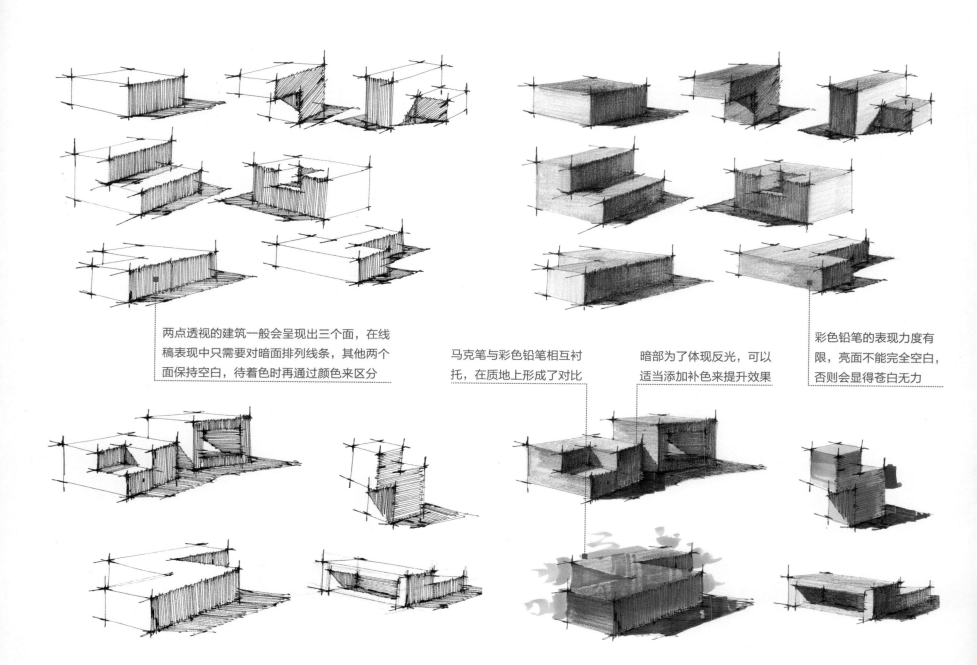

两点透视的建筑一般会呈现出三个面，在线
稿表现中只需要对暗面排列线条，其他两个
面保持空白，待着色时再通过颜色来区分

马克笔与彩色铅笔相互衬
托，在质地上形成了对比

暗部为了体现反光，可以
适当添加补色来提升效果

彩色铅笔的表现力度有
限，亮面不能完全空白，
否则会显得苍白无力

▲体块单体表现（一）

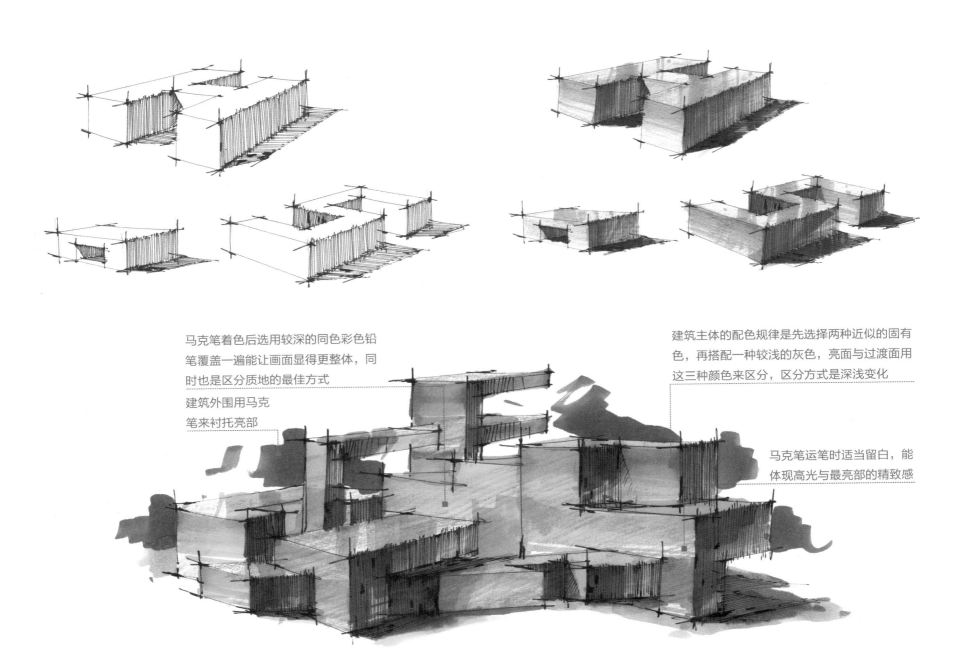

马克笔着色后选用较深的同色彩色铅笔覆盖一遍能让画面显得更整体，同时也是区分质地的最佳方式

建筑外围用马克笔来衬托亮部

建筑主体的配色规律是先选择两种近似的固有色，再搭配一种较浅的灰色，亮面与过渡面用这三种颜色来区分，区分方式是深浅变化

马克笔运笔时适当留白，能体现高光与最亮部的精致感

▲体块单体表现（二）

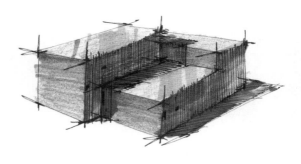

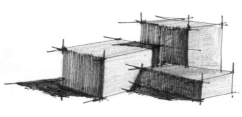

并不是所有的建筑都要绘制明确的轮廓线，在亮面的主体结构部位也可以不用绘图笔来表现，仅通过色彩来形成对比

高光处选用涂改液或白色笔来点亮，形成比较精致的视觉效果

暗部适当露白或覆盖浅色，用于表现反光

顶面竖向运笔，宽窄结合，这种表现方式来自于背后存在更高大的建筑，高大建筑上的玻璃幕墙或光滑石材的反光对前方低矮建筑造成的影响

侧面顺着透视方向运笔不要过多，这个层次只是为了强化顶面的浅色

亮面是表现材质质地的最佳部位，各种纹理不宜过深，否则会与亮面环境不相融合

着色时要分开前后层次

圆形面域的着色应当单纯，尽量用大块面着色

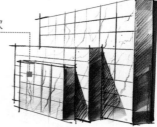

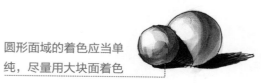

倾斜排列的密集线条用于强化暗面，与亮面形成对比，但是着色不要用太深的颜色，适当保留反光

浅色建筑需要用深色投影来衬托

透明体用于表现玻璃材质，主要将后部轮廓绘制出来，着色时运笔方向要顺应各个面的透视方向来绘制

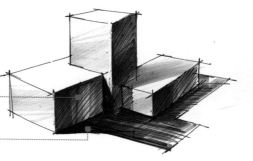

▲体块单体表现着色

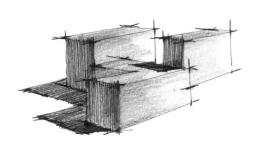

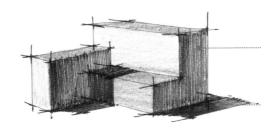

暗面青紫色与亮面黄
褐色形成一定对比

投影选用蓝色与青紫
色形成对比

线条的强化与交错能
体现出建筑结构的体
量感与稳重感

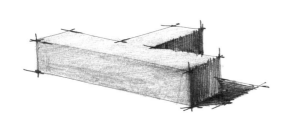

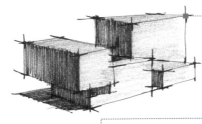

周边用深灰色来衬托
建筑形体，在色彩上
形成对比

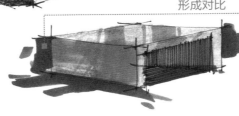

马克笔倾斜运笔能表
现出反光效果

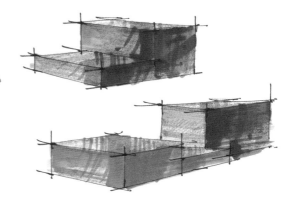

对建筑体块的练习要强化，
绘制不同造型和不同角度的建筑
体块，而不是去背忆一两个最佳
造型。了解更多建筑体量与结构
关系才能应对各种考试题目。
建筑体块的把控关键环节在于亮
面、过渡面、暗面三者之间的关
系，先将明度对比拉开，再用色
彩来表现彼此之间的差异，才能
达到完美的视觉效果。

内部投影是反应体积
和空间感的最佳方式

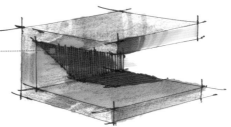

▲体块单体表现着色

天空云彩一般都是在主体对象绘制完成后再绘制，因此可以不用铅笔来绘制轮廓，但是轮廓的形体范围要做到心中有数。在室外效果图中，需要绘制天空云彩的部位在于树梢、建筑上方。树梢、建筑上方本身就是受光面，颜色很浅，在这些构造的轮廓外部添加天空云彩就是为了衬托树梢、建筑。因此，绘制天空云彩的颜色一般是浅蓝色、浅紫色，重复着色两遍就可以达到比较好的明暗对比效果。

天空云彩的颜色一般以浅蓝色为主，但是在选色时要注意两个细节：其一是云彩的蓝色不要与地面水泊的蓝色发生重复，以免画面单调，与建筑的门窗玻璃蓝色也要有所区分；其二是不要在云彩中搭配多种颜色，不要寄希望于添加多种颜色来丰富画面，云彩仅仅是衬托建筑的辅助对象，因此选色与配色应当尽量简单。

天空云彩的运笔速度要快，可以快速平推配合点笔来表现，在一朵云上还可以表现出体积感，云彩的着色深浅程度应当根据整个画面关系来确定，对于画面效果很凝重的效果图，可以在马克笔绘制完成后，选用更深一个层次的同色彩色铅笔，在云朵的暗部排列整齐的45°线条，甚至可以用尖锐的彩色铅笔来刻画树梢与建筑的边缘。待第一遍颜色绘制完成后，要以最快的速度拿出第二种颜色来叠加，让两种颜色相互混合，形成自然过渡渐变的混合效果，达到天空云彩浑然一体的效果。

第13天

做什么

先临摹两张A4幅面天空云彩，找准云彩的颜色，适当运用彩色铅笔来增加层次，注重运笔的方向，搭配远景建筑、树木来创作绘制。在生活中仔细观察晴朗的天空中云朵的体积构造与色彩关系。

第14天

做什么

自我检查、评价前期关于建筑单体表现的绘画图稿，总结其中形体结构、色彩搭配、虚实关系中存在的问题，将自己绘制的图稿与本书作品对比，重复绘制一些存在问题的图稿。

弧形短笔触能表现出云彩的自然感，中间穿插浅紫色能体现云彩的丰富性

适当运用点笔能表现出云彩的丰富效果

云彩中是否添加其他色彩，要根据建筑自身的色彩效果来定，建筑自身色彩丰富，云彩中则少添加颜色，反之可多添加颜色，但是颜色种类不超过三种

适度穿插一些深色能表现出云彩的体积感

整体来看，云彩始终以浅色为主，呈团组绘制会比较自然

贴着建筑顶部外围绘制云彩的前提是建筑的亮面颜色较浅，甚至是不着色的建筑

▲天空云彩表现

第三章　建筑效果图步骤

第一节　小型办公楼

本节绘制一栋小型办公楼的室外效果图，主要表现的对象构造相对简单，重点在于绘制建筑的体块关系。

首先，根据参考照片绘制出线稿，对主体对象线稿的表现尽量丰富。其次，开始着色，快速将画面的大块颜色定位准确。再次，对周边环境着色，周边环境的色彩浓度与笔触不要超过主题对象。最后，结构线和景观元素都画完以后就可以根据主要建筑开始调整构图和收边，以及对图纸的四个角落进行处理，让整个画面能整体收在一起，调整好构图以后开始完善光影关系和画面的细节即可。

第15天
做什么

参考本书关于小型办公楼的绘画步骤图，收集两张相关实景照片，对照照片绘制两张A3幅面小型办公楼效果图，注重图面的虚实变化，避免出现喧宾夺主。

近凸起的建筑构造要画得坚挺，每个造型之间的间距控制要得当，这是建筑造型设计的亮点

侧面窗户结构绘制清晰，控制好竖线之间的间距，要保持逐渐推移，具有透视效果

位于边缘的绿化植物可以简化表现，但是起伏要与建筑相呼应

玻璃窗的投影要表现出来，强化这个局部的暗部层次为后期着色打好基础

地面的透视纵深感要把控得当，不能无止境延伸，在远处要有建筑结构终止

▲实景参考照片

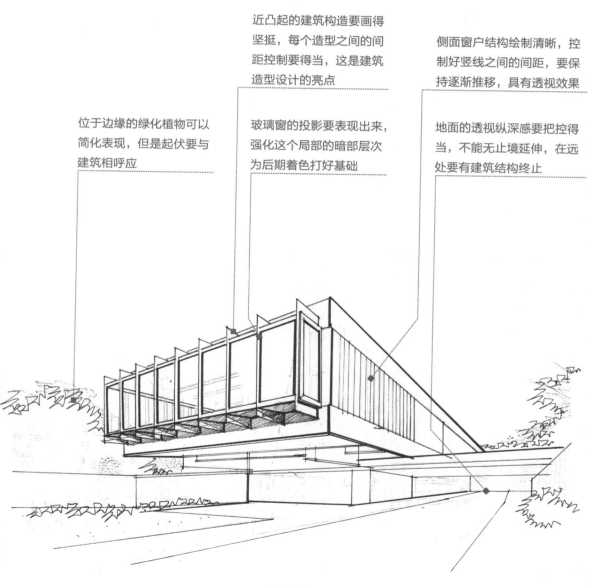

▲绘制线稿

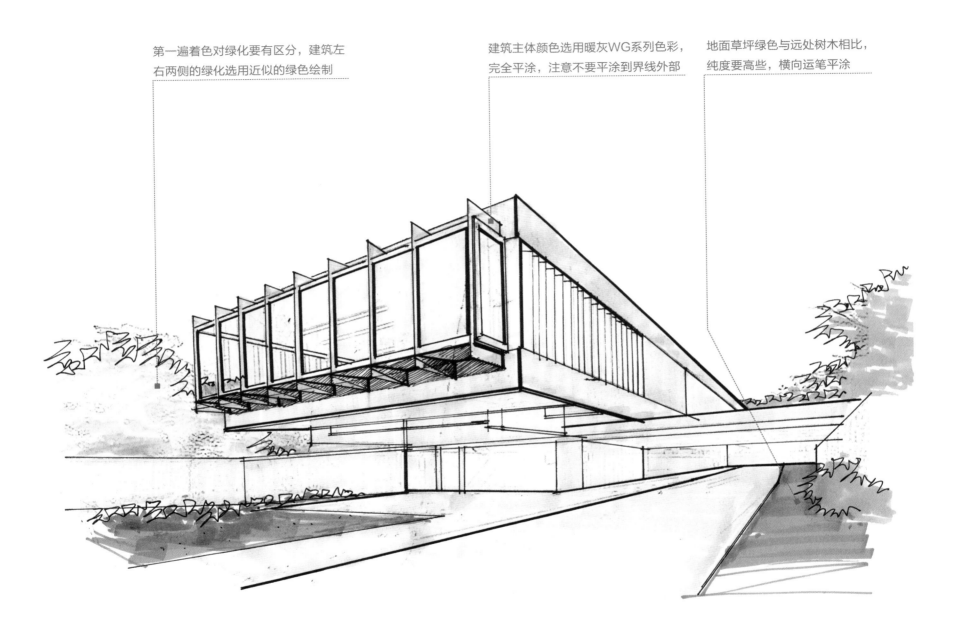

第一遍着色对绿化要有区分，建筑左右两侧的绿化选用近似的绿色绘制

建筑主体颜色选用暖灰WG系列色彩，完全平涂，注意不要平涂到界线外部

地面草坪绿色与远处树木相比，纯度要高些，横向运笔平涂

▲基本着色

由于建筑的受光面结构复杂，并带有玻璃的深色反光，因此云彩不宜紧贴着建筑绘制，保持一定距离

玻璃存在折射与反射现象，选用较深的蓝色绘制，但是在第一遍着色时不宜一次画得过深

地面选用CG系列冷灰色完全平铺，由远向近逐步变浅

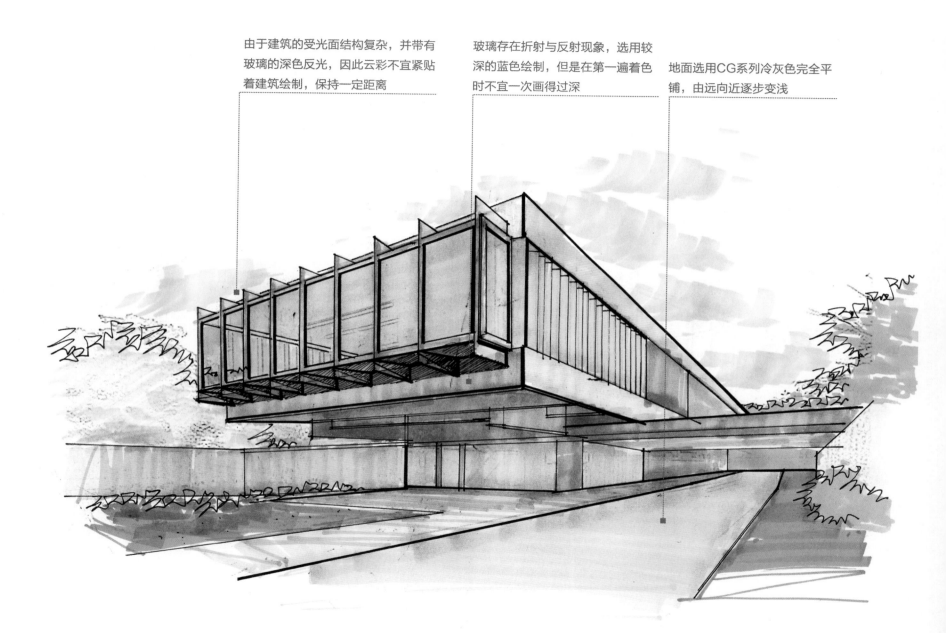

▲丰富层次

选用近似色相但明度较低的绿色逐层绘制，运笔方式以点为主

用深灰色强化室内顶棚暗面色彩，适当保留较浅的部位

进一步加深层次，对暗面着色丰富化

天空云彩采用多种蓝色相互晕染，前后两次着色间隔时间不宜过长

适当运用点笔来丰富画面

▲增添细节

选用红色来表现花卉，
丰富画面效果

进一步强化屋檐下
的深色结构，让层
次更丰富

采用涂改液在玻璃亮
部点白来表现高光

加深侧面结构层次，让窗
户结构的深色与墙体结构
的浅色形成色彩对比

采用彩色铅笔覆盖暗部，
丰富画面效果

▲调整完成

第二节　会议厅

本节绘制一栋会议厅建筑效果图，主要表现的对象构造开始变得复杂，重点在于绘制细腻的主体结构。

首先，根据参考照片绘制出线稿，用铅笔勾勒出画面整体的结构比例和透视关系，保证主要建筑的完整性，以主要建筑为中心向周围展开，按照透视勾勒出透视线和主要构筑物的比例关系，勾勒透视线的时候要参考视平线来确定构筑物的高度和道路的宽度，不要让比例明显失调，允许误差，但是不能出现明显的问题。细致刻画，增加画面的一些色彩。比如颜色的冷暖对比，画面中心建筑的细节处理。

第16天

做什么

参考本书关于会议建筑的绘画步骤图，收集两张相关实景照片，对照照片绘制两张A3幅面小型会议建筑效果图，注重玻璃的反光与高光，深色与浅色相互衬托。

▲实景参考照片

背景建筑可以根据需要进行省略，取而代之的是远处的树丛

侧面垂直线条采用直尺绘制，保持完全平行状态

投影中的线条排列密集，不要交错保持均衡的间距较好

找到最暗部投影，不断加深到适当层次，为后期着色打好基础

线条排列保持统一方向，但是在不同面域内可以稍许变换角度

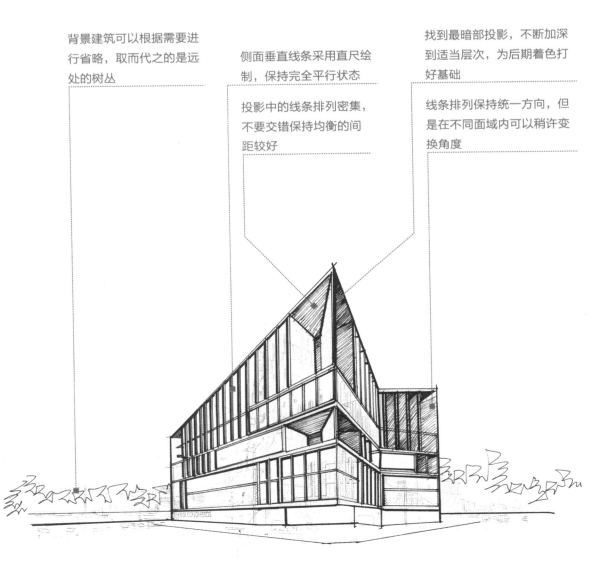

▲绘制线稿

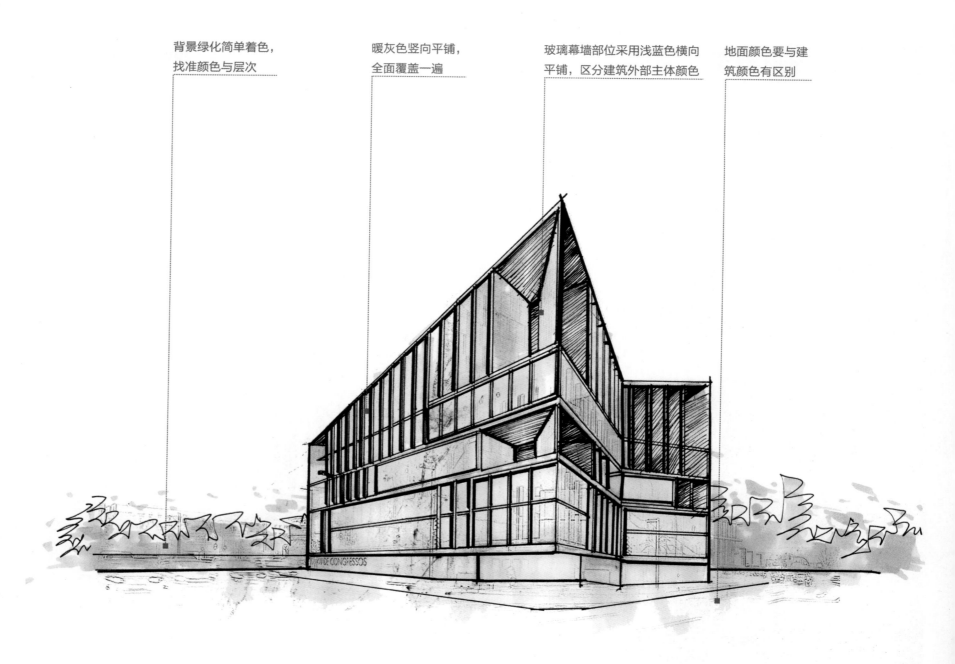

背景绿化简单着色，找准颜色与层次

暖灰色竖向平铺，全面覆盖一遍

玻璃幕墙部位采用浅蓝色横向平铺，区分建筑外部主体颜色

地面颜色要与建筑颜色有区别

▲基本着色

在绿化下部增加第二遍色彩，颜色相对较深

内凹侧面叠加冷灰色，表现出窗户玻璃的反光

对玻璃幕墙覆盖第二遍浅蓝色，提高色彩纯度

适当运用笔触效果来表现明暗过渡

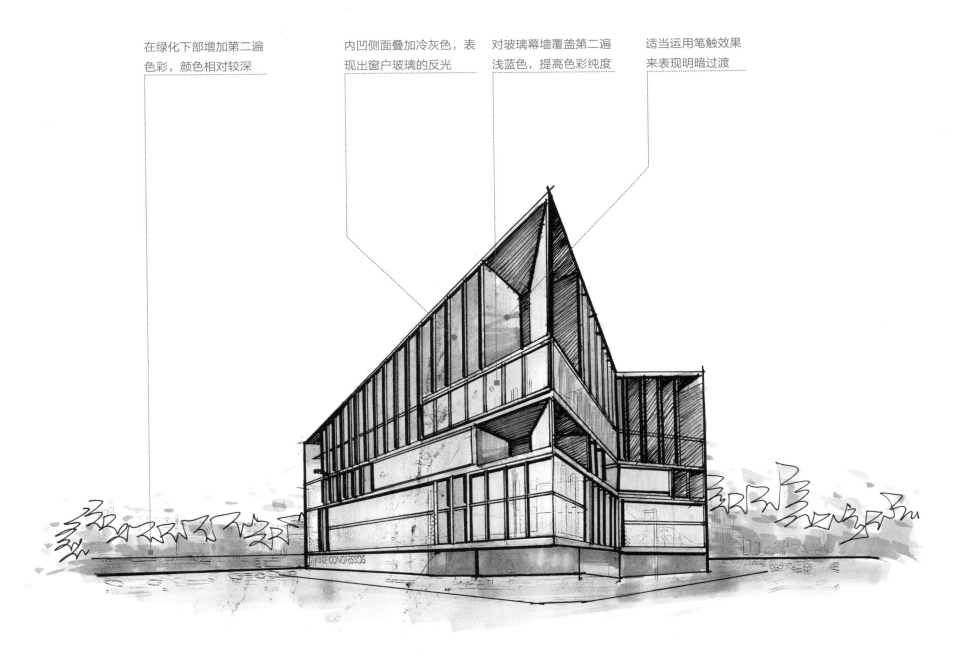

▲丰富层次

地面加深层次，不要用同一
种颜色叠加，避免色彩单调

在阴影部位逐层加
深，强化层次细节

在玻璃幕墙表面覆
盖笔触加深层次

适当表现出光影关系，根据建
筑形体和角度来把握倾斜度

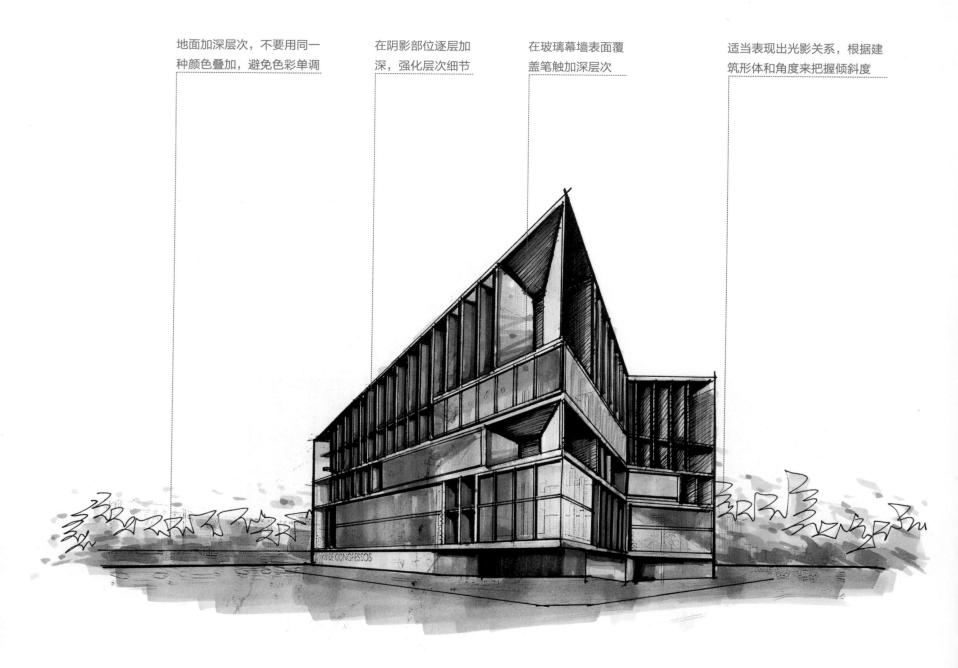

▲ 增添细节

运用点笔来表现绿化层次，让效果更丰富

天空云彩采用蓝色与紫色两种颜色表现

在建筑前方的地面排列线条来强化对比，让深色地面衬托墙面受光部位

采用涂改液来强化玻璃上的高光

采用倾斜线条全面覆盖暗部，让画面层次统一化

▲调整完成

第三节 图书馆

本节绘制一栋图书馆效果图，主要将简单对称的构图复杂化、层次化。

首先，根据参考照片绘制出线稿，用铅笔勾勒出画面整体的结构比例和透视关系，保证主要建筑的完整性，以建筑为中心向周围展开，交代清楚主要建筑所在的环境。其次，将空间主要建筑物的结构线绘制出来，同时要明确视平线的高度和消失点的位置。再次，在对大的空间有掌握的情况下可以适当的画一些建筑物细节，从近景往远景展开。最后，要随时注意通过视平线的位置来判断后面物体的高度和宽度。

第17天

做什么

参考本书关于图书馆的绘画步骤图，收集两张相关实景照片，对照照片绘制两张A3幅面图书馆效果图，注重绿化植物的色彩区分，避免重复使用单调的绿色来绘制植物。

▲实景参考照片

树丛线条表现尽量简单，不要对主体建筑造成冲击

暗部面积较大，线条排列可以比较稀疏，不用直尺，以免显得局促

弧形与倾斜轮廓可用较粗绘图笔来表现

近处灌木表现紧凑，方向统一，线条精致简短

屋檐下的线条适当加粗或用双线并列绘制

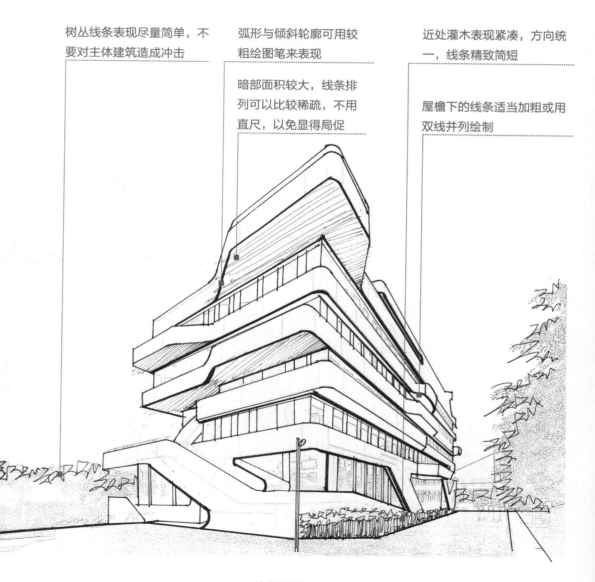

▲绘制线稿

背景绿化简单着色，找准颜色与层次

暖灰色竖向平铺，全面覆盖一遍

暗部暖灰色选用更深的一个层次，可以竖向排列笔触

建筑偏下的部位采用冷灰色，与地面颜色与玻璃幕墙更接近

▲基本着色

全局竖向运笔，受光面采用冷灰色
覆盖，与第一遍暖灰色相互叠加

结构转折部位保留第一
遍底色，第二遍不着色

偏暖蓝色用于玻璃窗，与冷
色外墙现成一定色相对比

笔触之间适当留出空隙
用于表现较自然的反光

▲丰富层次

选用偏灰、偏褐的颜色
作点笔用于灌木植物中

加深建筑底部背光部，运
笔方向多样适当保留间隙

留出边角高光或亮
面，丰富画面层次

屋檐下的投影在玻璃上
表现出来具有一定深度

▲增添细节

建筑内凹处采用棕绿色来　天空云彩采用蓝色表现，　采用倾斜线条全面覆盖深色建　　窗户中间隙表现丰富的色　在建筑前方的地面排列线条来
填补，表现远处的树木　运笔方向比较单一　筑表面，让画面层次统一化　　彩，提亮整个画面效果　强化对比，让地面深色衬托墙
面受光面

▲调整完成

第四节　音乐厅

首先，将空间内的框架、结构和构筑物的高低关系确定下来，以及周围环境的关系比例大致勾勒出来，用以观察整个图纸的构图节奏关系。其次，画好线稿之后开始整体铺色，确定建筑色调，画出用色最重的部分,在处理建筑表面的时候，一定要快速、果断运笔，让线条流畅。再次，建筑物的轮廓画出来以后将周围的植物配景加以完善，植物处理注意高低、前后的空间关系，整个画面保证在干净整洁的状态，结构、比例、透视交代清楚即可。最后，在结构和比例的关系画准确以后，确定光源方向，开始添加明暗关系，以刻画构筑物和植物的体量关系，根据空间的远近处理好虚实关系，近处的场景可以适当刻画细节、材质特征。

第18天

做什么

参考本书关于音乐厅的绘画步骤图，收集两张相关实景照片，对照照片绘制两张A3幅面音乐厅效果图，注重地面的层次与天空的衬托，重点描绘1～2处细节。

▲实景参考照片

周边场景绘制应当细致些，与主体建筑形成对比

外轮廓线条加粗强化表现，形成比较明显的建筑造型剪影

弧形线条采用慢线绘制，每一根线条即表现一处结构，应精心绘制

建筑底部直线形建筑采用较粗绘图笔绘制轮廓，让下部的直与上部的曲形成对比

由于建筑的整体形态比较简单，应当细致表现台阶地面上的结构

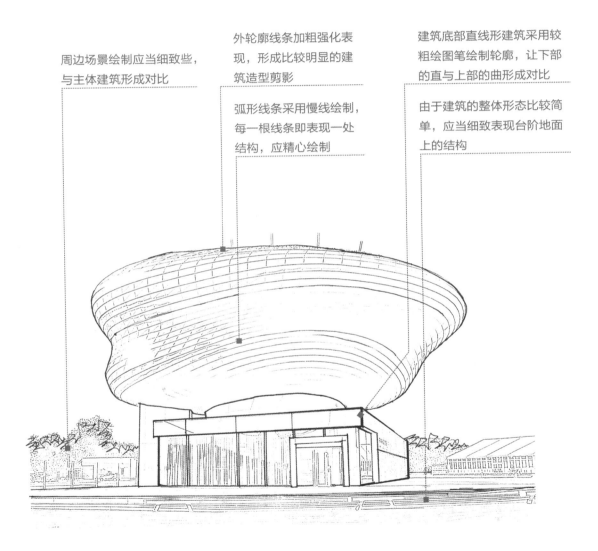

▲绘制线稿

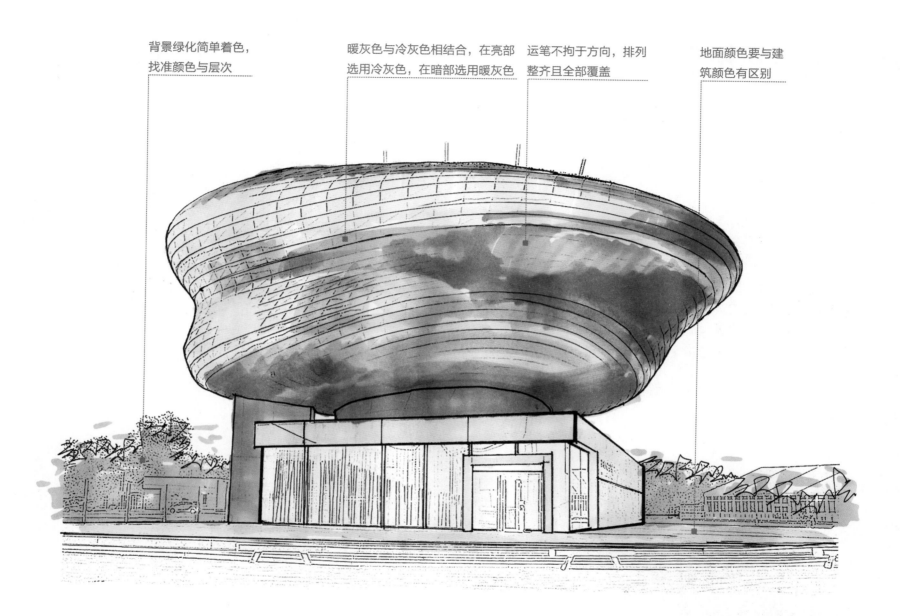

背景绿化简单着色，
找准颜色与层次

暖灰色与冷灰色相结合，在亮部
选用冷灰色，在暗部选用暖灰色

运笔不拘于方向，排列
整齐且全部覆盖

地面颜色要与建
筑颜色有区别

▲基本着色

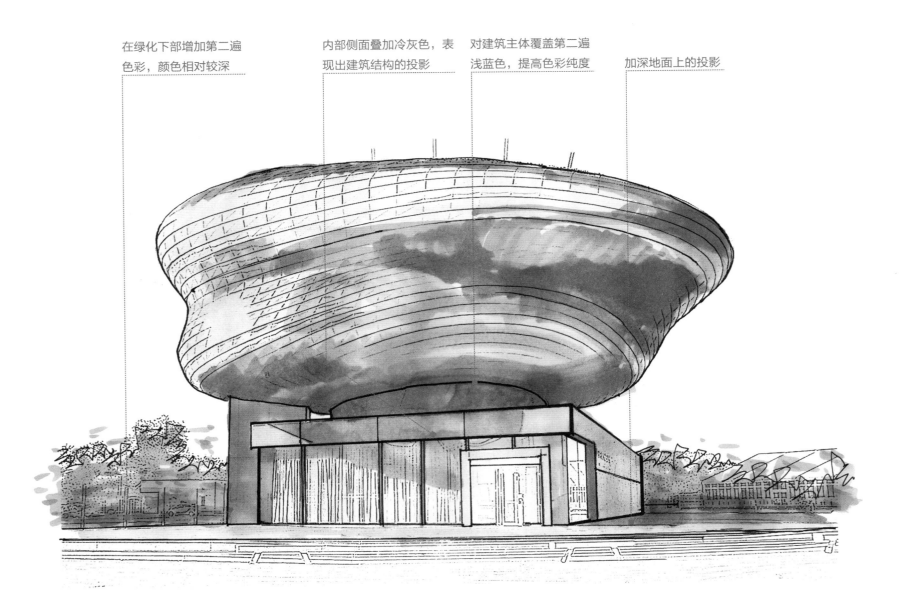

在绿化下部增加第二遍
色彩，颜色相对较深

内部侧面叠加冷灰色，表
现出建筑结构的投影

对建筑主体覆盖第二遍
浅蓝色，提高色彩纯度

加深地面上的投影

▲丰富层次

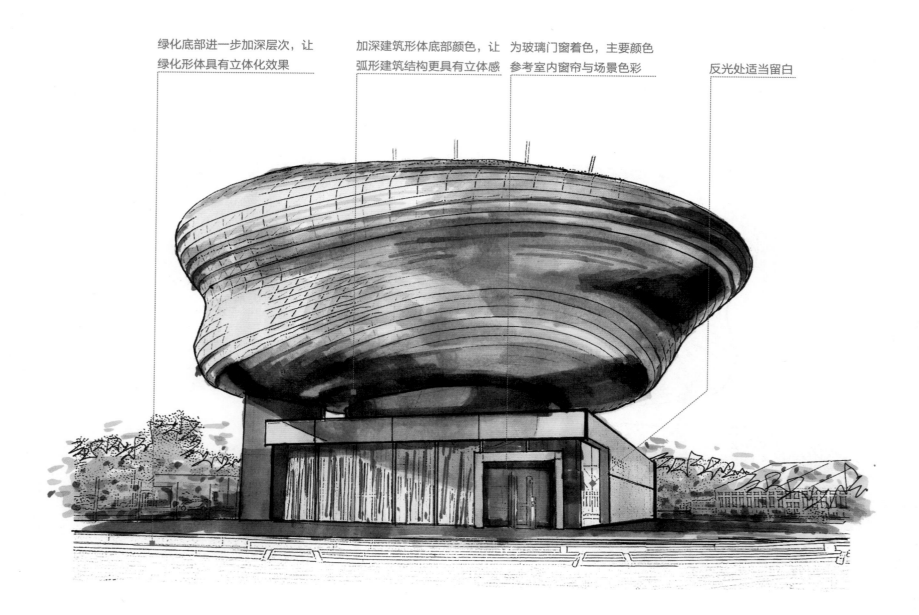

绿化底部进一步加深层次，让
绿化形体具有立体化效果

加深建筑形体底部颜色，让
弧形建筑结构更具有立体感

为玻璃门窗着色，主要颜色
参考室内窗帘与场景色彩

反光处适当留白

▲增添细节

天空云彩采用蓝色表现，
适当运用点笔和挑笔

在建筑较深的部位排
列线条来强化对比

采用涂改液表现建筑亮部，但
是前提是基础颜色应当较深

采用彩色铅笔倾斜排列线
条，让暗部层次更丰富

▲调整完成

第五节 工业厂房

首先，用铅笔勾勒出画面整体的结构比例和透视关系，保证主要建筑的完整性，以主要建筑为中心向周围展开，这样不仅交代清楚了主要的建筑也同时大致交代了建筑所在的环境。其次，将空间的主要建筑物的结构线绘制出来，同时要明确视平线的高度和消失点的位置。再次，在对大的空间有掌握的情况下，可以先适当的画一些建筑物细节，从近景往远景展开，但是要随时注意通过视平线的位置来判断后面物体的高度和宽度。最后，建筑物的轮廓画出来以后将周围的植物配景加以完善，植物处理注意高低、前后的空间关系，整个画面保证在干净整洁的状态，结构、比例、透视交代清楚即可。

第19天 做什么

参考本书关于工业厂房的绘画步骤图，收集两张相关实景照片，对照照片绘制两张A3幅面工业厂房效果图，注重空间的纵深层次，适当配置人物来拉开空间深度。

▲实景参考照片

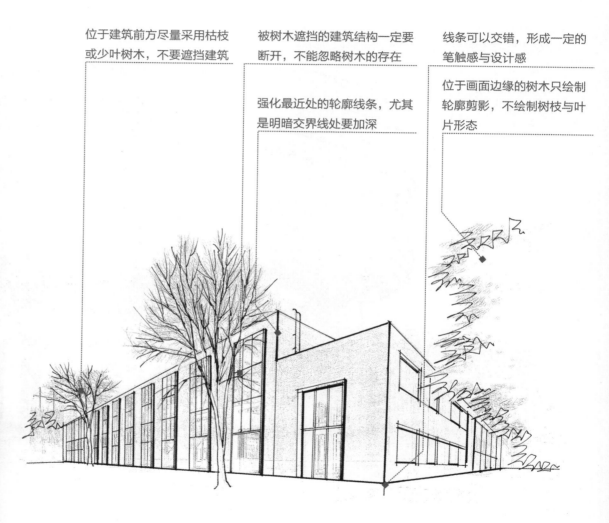

位于建筑前方尽量采用枯枝或少叶树木，不要遮挡建筑

被树木遮挡的建筑结构一定要断开，不能忽略树木的存在

强化最近处的轮廓线条，尤其是明暗交界线处要加深

线条可以交错，形成一定的笔触感与设计感

位于画面边缘的树木只绘制轮廓剪影，不绘制树枝与叶片形态

▲绘制线稿

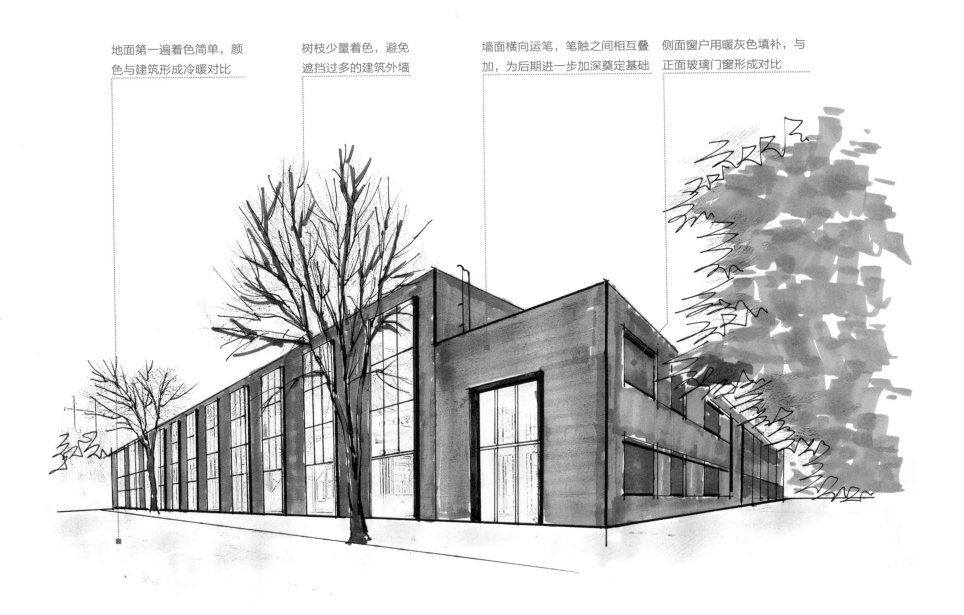

地面第一遍着色简单，颜色与建筑形成冷暖对比

树枝少量着色，避免遮挡过多的建筑外墙

墙面横向运笔，笔触之间相互叠加，为后期进一步加深奠定基础

侧面窗户用暖灰色填补，与正面玻璃门窗形成对比

▲基本着色

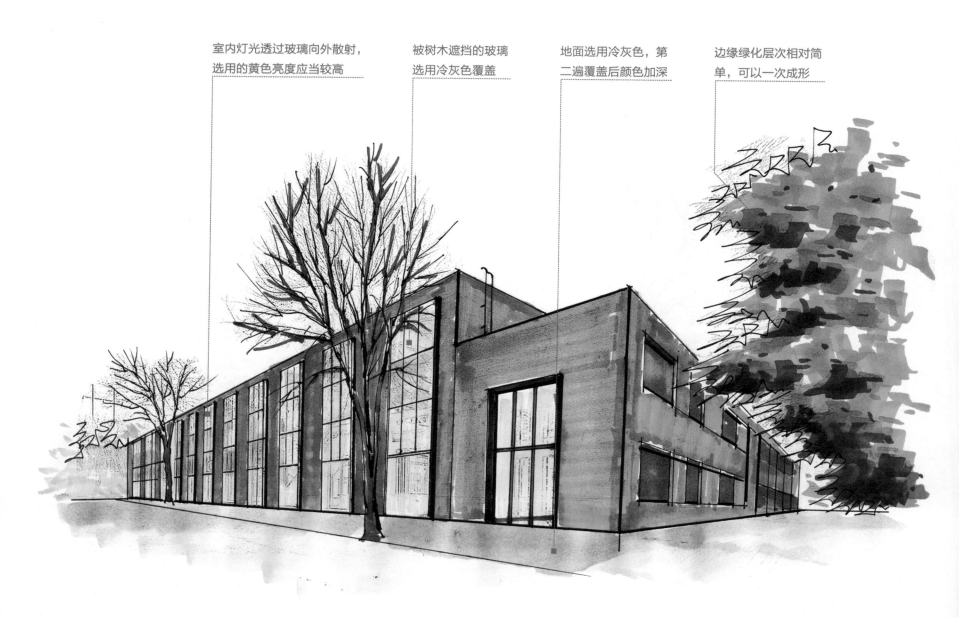

室内灯光透过玻璃向外散射，
选用的黄色亮度应当较高

被树木遮挡的玻璃
选用冷灰色覆盖

地面选用冷灰色，第
二遍覆盖后颜色加深

边缘绿化层次相对简
单，可以一次成形

▲丰富层次

选用偏灰、偏褐的颜色
作点笔用于灌木植物中

玻璃中央选用较深冷灰色
能反映出周边深色环境

最近处的局部玻璃也适当加
深，表现出自然反光效果

竖向排列深色笔触，与
亮面形成强烈对比

▲增添细节

天空云彩采用蓝色与紫色表现，配合彩色铅笔来加深，与建筑质地形成呼应

白色涂改液点亮建筑内的灯光高亮处

第二遍着色时适当保留一定空隙，并运用较深颜色作点笔来表现树木的反光与阴影

在建筑暗部排列线条来强化对比

▲调整完成

第六节　快捷酒店

首先，用铅笔确定大的形体和透视，不要在意细节，画出大体的形体形状，画出整体的形体线，把主要表现精力放在建筑的结构线上。其次，进一步细化，加强体积感。处理细节，确定近中远景，加入一些明暗关系。再次，根据形态将基本骨架勾画出来，在透视和比例、结构的问题把握好以后可以开始添加景观元素结构和光影，让建筑显得更生动，更丰富。最后，结构线和景观元素都画完以后就可以根据主要建筑开始调整构图和收边，以及对图纸的四个角落的处理，让整个画面能整体收在一起，调整好构图以后开始完善光影关系和画面的细节即可。

第20天 做什么

参考本书关于快捷酒店的绘画步骤图，收集两张相关实景照片，对照照片绘制两张A3幅面快捷酒店效果图，注重取景角度和远近虚实变化。

▲实景参考照片

周边场景绘制应当细致些，与主体建筑形成对比

转角处加深投影轮廓

主体结构用直尺绘制，同时强化暗部阴影

铅笔线条痕迹可以保留，方便后期细致着色

遮挡住建筑的树木一般位于画面边缘

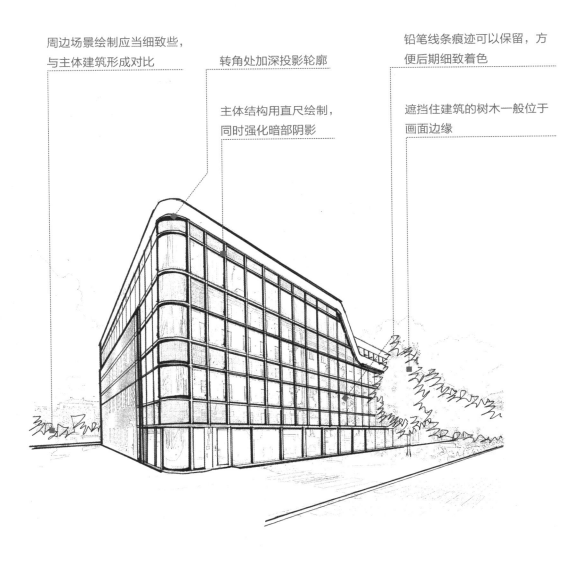

▲绘制线稿

背景绿化简单着色，
找准颜色与层次

暖灰色与冷灰色相结合，在亮部位置
适当选用黄色、绿色来丰富效果

树木在建筑玻璃幕墙
上的投影适当表现

周边树木彼此间
的色彩要区分开

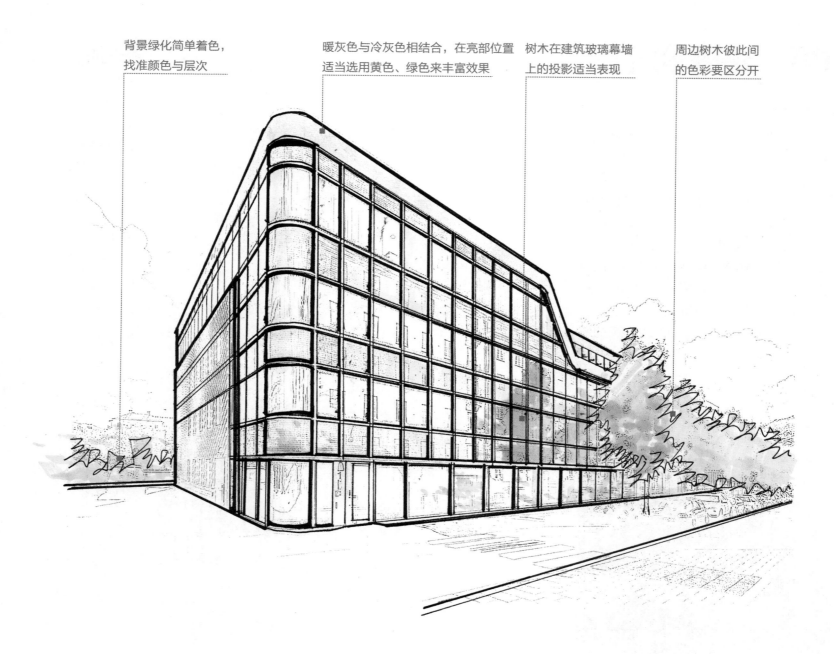

▲基本着色

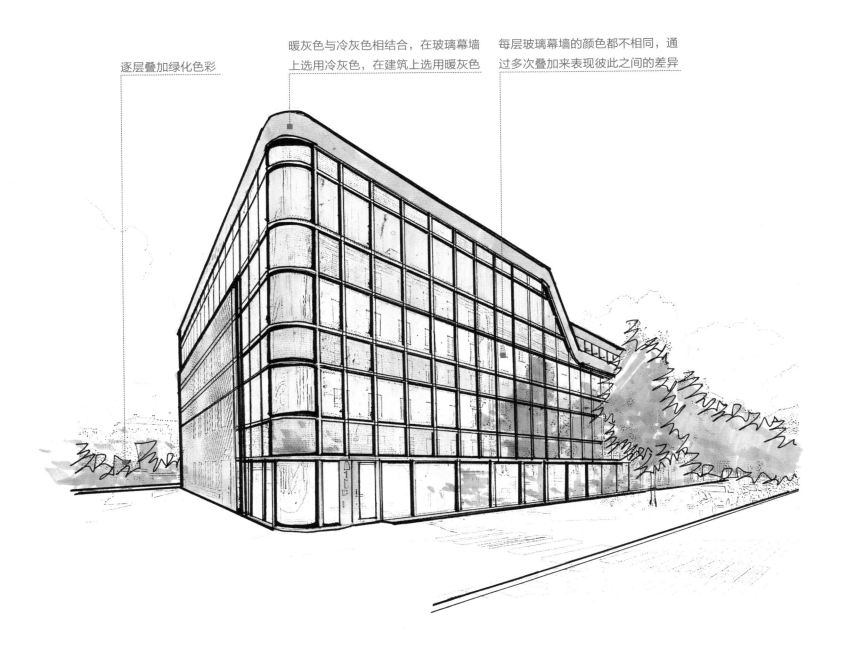

逐层叠加绿化色彩

暖灰色与冷灰色相结合，在玻璃幕墙
上选用冷灰色，在建筑上选用暖灰色

每层玻璃幕墙的颜色都不相同，通
过多次叠加来表现彼此之间的差异

▲叠加着色

在绿化下部增加第二遍
色彩，颜色相对较深

内部侧面叠加冷灰色，
与正面形成对比

对建筑主体中上部玻璃幕墙覆盖
第二遍浅蓝色，提高色彩纯度

地面采用冷灰色着色

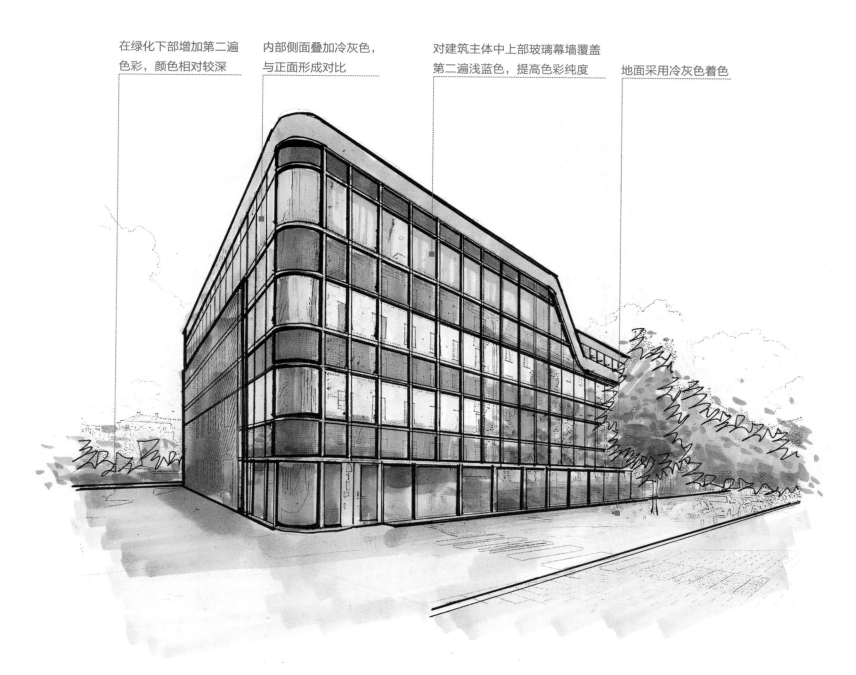

▲丰富层次

进一步加深地面层次，衬托建筑主体浅色

适当加深建筑内部门窗的阴影

为底部玻璃门窗着色，主要颜色考虑街景对建筑形成的反射效果

采用点笔来丰富绿化层次

▲增添细节

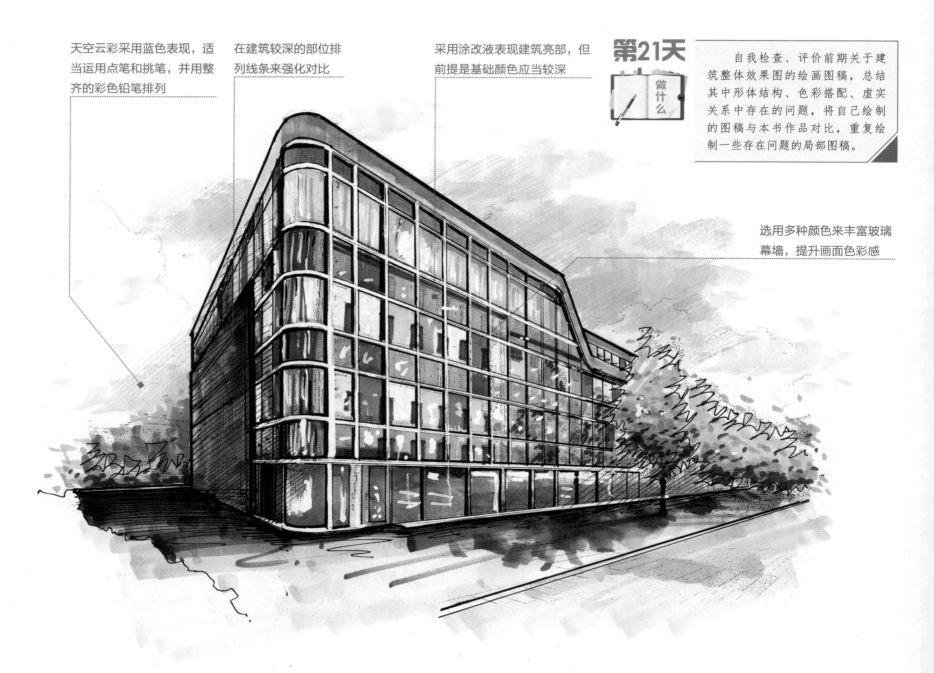

天空云彩采用蓝色表现，适当运用点笔和挑笔，并用整齐的彩色铅笔排列

在建筑较深的部位排列线条来强化对比

采用涂改液表现建筑亮部，但前提是基础颜色应当较深

第21天
做什么

自我检查、评价前期关于建筑整体效果图的绘画图稿，总结其中形体结构、色彩搭配、虚实关系中存在的问题，将自己绘制的图稿与本书作品对比，重复绘制一些存在问题的局部图稿。

选用多种颜色来丰富玻璃幕墙，提升画面色彩感

▲调整完成

第四章 作品欣赏与摹绘

在手绘效果图练习过程中，临摹与参照是重要的学习方法。临摹是指直接对照优秀手绘效果图绘制，参照是指精选相关题材的照片与手绘效果图，参考效果图中的运笔技法来绘制照片。这两种方法能迅速提高手绘水平。本章列出大量优秀作品供临摹与参照，绘制幅面一般为A4或A3，绘制时间一般为60～90分钟，主要采用绘图笔或中性笔绘制形体轮廓，采用马克笔与彩色铅笔着色，符合各类考试要求。

引用箭头来厘清创意思路，将不是很复杂的表意说明变得更简单

深灰色并不是树叶的本色，但是能衬托浅色建筑，让建筑更突出

建筑创意思维过程表现应当快速简练，不增加过多修饰，仅表现出整体体积关系和色彩关系

街道在灯光的照射下为暖黄色

画面高处的建筑色彩较浅，与天空的蓝色比较接近

画面中下处屋顶色彩较深，能衬托出浅色墙面建筑

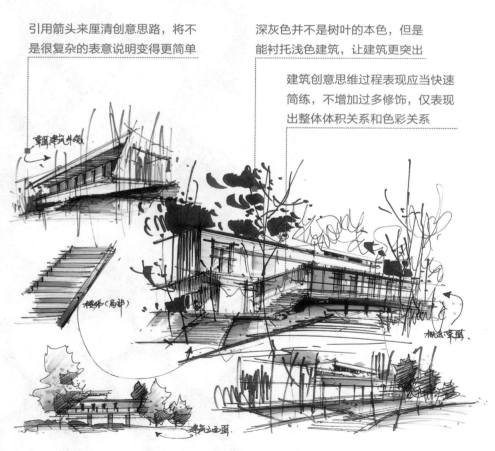

▲建筑概念草图（金晓东）

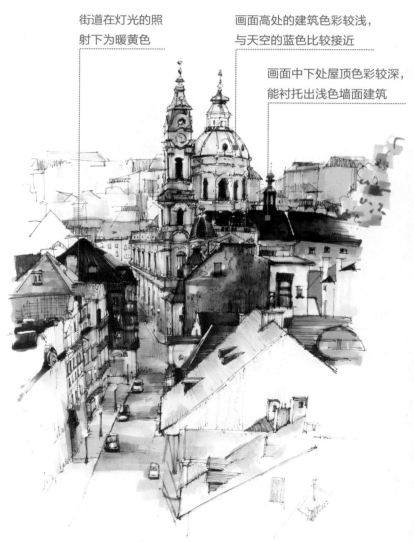

▲建筑街景

阴影处线条比较密集，能在
色彩的配合下表现建筑的体
积感

屋顶在阳光照射下为暖色调

屋檐下部的阴影采用冷色调

在结构和比例的关系画
准确以后，确定光源方向，
开始添加明暗关系，以刻画
（构）建筑物和植物的体量
关系，根据空间的远近处理
好虚实关系，近处的场景可
以适当刻画细节和材质特
征。结构线和小品都画完以
后就可以根据主要建筑调整
构图和收边，以及对图纸的
四个角落进行处理，让整个
画面能整体收在一起，调整
好构图以后开始完善光影关
系和画面的细节即可。

台阶外凸阳角部位采用涂改
液点白

暗部适当选用黄绿色来表现
青苔

最近处的线条密集排列，形
成较强的体积感

▲寺庙建筑

在构图简洁的画面中，树梢可以
选用较深的绿色来表现

建筑屋檐底部选用CG系列马克笔

建筑主体墙面选用WG系列马克笔

适当选用纯度较高的颜色来填充
局部建筑间隙或内部墙面

▲商业建筑（何静）

采用快速表现技法时，线条
不必很直，但是位置要准确

屋檐顶棚是画面的中心，因
此选用暖色，自身对比很强

地面笔触尽量自然洒脱，配
合少量点笔来表现树荫

▲商业建筑（何静）

远处树木枝干采用涂改液来表现，显得更轻松自然，与天空呼应

天空云彩运笔速度要快，彼此之间相互浸润，达到一气呵成的效果，最后用同色彩色铅笔排列线条覆盖一遍，与建筑质感相呼应

建筑结构越复杂，填色越简单，分单元填入统一颜色能轻松表现出体积感

靠近岸边的水面采用深色，表现出树木投影

▲滨水景观建筑（石骐华）

远处树木与建筑仅仅绘制线条是不够的，还需要覆盖简单的色彩，用于平衡画面效果

天空云彩与玻璃幕墙的反光一气呵成，但是玻璃幕墙上的运笔更挺直，夹杂预留的白色高光

复杂的内角采用密集的线条交互叠加，线条交互密度逐渐向下渐变

建筑前方地面受投影影响表现更深些，采用浅色灌木来衬托

▲商务办公建筑（石骐华）

表现出刮风的环境效果可以将草地茎叶向统一方向倾斜

天空云彩中可以穿插其他浅色来衬托画面，与建筑主体颜色形成呼应

主体建筑颜色从下向上逐渐变浅，并用白色笔来绘制光照的投射方向

交错的线条结构具有稳固的感觉，是建筑形体表现的主要形式

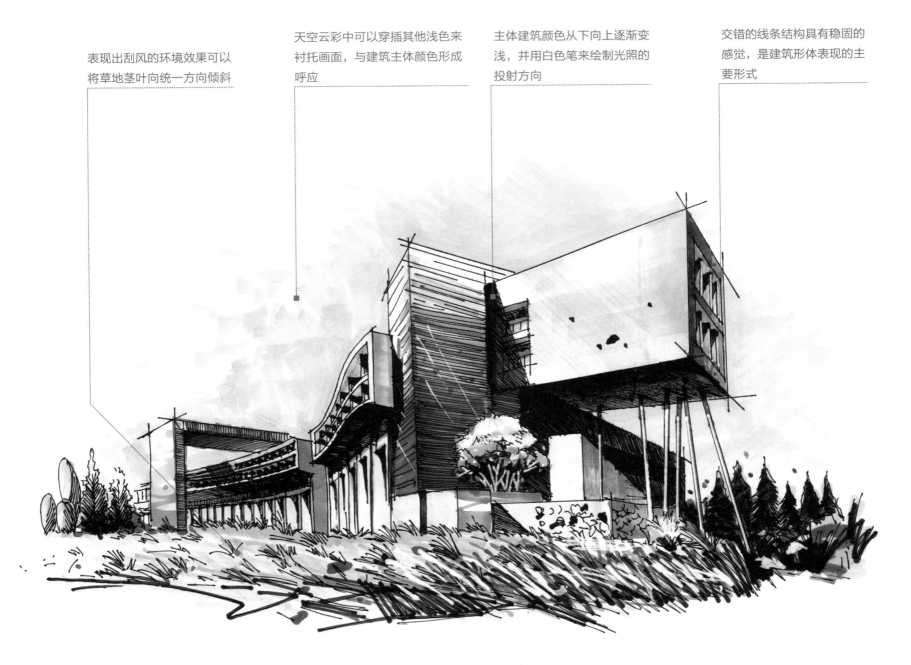

▲商务办公建筑（石骐华）

采用冷灰色简单表现远处
树木，色彩与建筑相呼应

天空云彩笔触采用少量顿
笔，表现出云朵的体积感

玻璃反光与云彩颜色有所不
同，一般会偏向冷色调些

建筑外墙根据材质来表
现不同笔触，适当运用
点笔来丰富画面

▲商务办公建筑（石骐华）

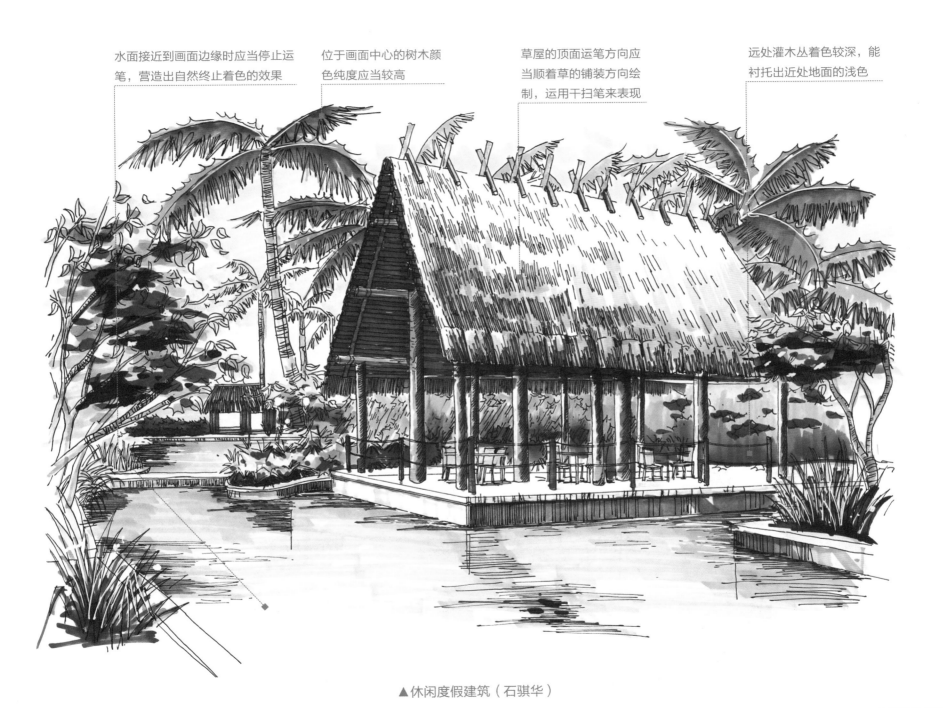

水面接近到画面边缘时应当停止运笔，营造出自然终止着色的效果

位于画面中心的树木颜色纯度应当较高

草屋的顶面运笔方向应当顺着草的铺装方向绘制，运用干扫笔来表现

远处灌木丛着色较深，能衬托出近处地面的浅色

▲休闲度假建筑（石骐华）

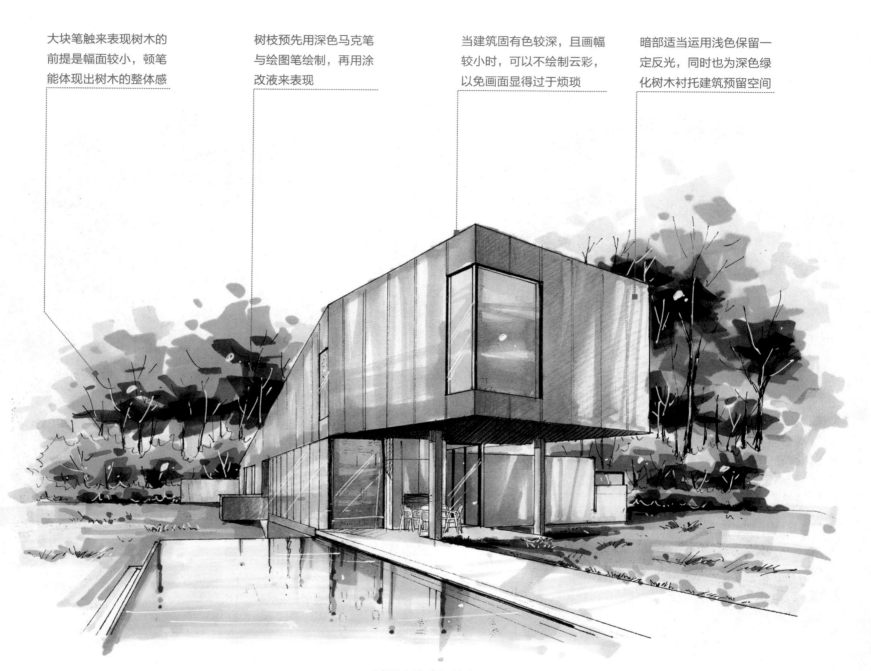

大块笔触来表现树木的
前提是幅面较小，顿笔
能体现出树木的整体感

树枝预先用深色马克笔
与绘图笔绘制，再用涂
改液来表现

当建筑固有色较深，且画幅
较小时，可以不绘制云彩，
以免画面显得过于烦琐

暗部适当运用浅色保留一
定反光，同时也为深色绿
化树木衬托建筑预留空间

▲别墅建筑（贺怡）

一点透视周边墙面保持
简洁造型，为中心主要
构造预留空间

远处建筑不属于设计范
畴的，可以空白，左右
环绕云彩即可

水面最远处色差应当较
深，形成很强烈的倒影
对比

躺椅上表面少量着色或
留白

▲休闲酒店建筑（贺怡）

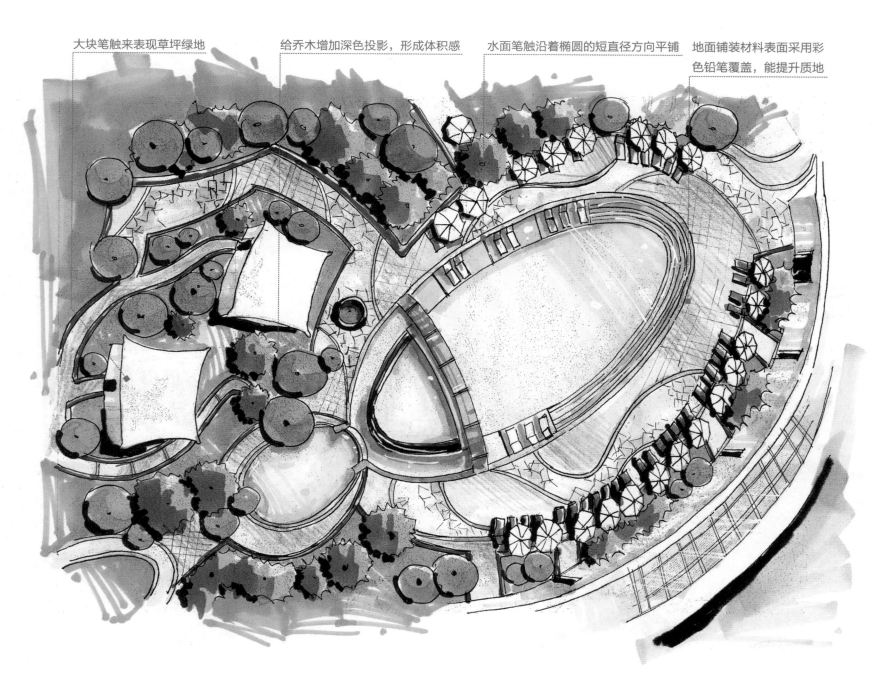

大块笔触来表现草坪绿地

给乔木增加深色投影，形成体积感

水面笔触沿着椭圆的短直径方向平铺

地面铺装材料表面采用彩色铅笔覆盖，能提升质地

▲公园建筑鸟瞰（贺怡）

云彩采用较浓重的马克笔绘制，可以衬托浅色受光建筑

建筑中内凹结构采用暖灰色表现，整体建筑带渐变效果

画面中央绿色植物尽量丰富些，这是衔接建筑与水景的重要环节

树荫处的水面投影略深，水面的蓝色与天空的蓝色要有区别，水面的蓝色应当偏冷色调

接近画面边缘的笔触自然洒脱，停顿处肯定而无飘逸

技法详解

建筑物的轮廓画出来以后将周围的植物配景加以完善，植物处理注意高低、前后的空间关系，整个画面保证在干净整洁的状态，结构、比例、透视交代清楚即可。建筑物都画完以后可以开始绘制远景，远景保持概括、简洁的表达方式，不宜画的太复杂，用来烘托景观的环境。用概括的手法处理，不要画太多细节，最后调整构图和刻画光影关系即可。

▲休闲酒店建筑（贺怡）

高层建筑的云彩可以分多段来
绘制，每段要衬托的建筑部位
应当是画面重点部位

玻璃幕墙上的蓝色应当区别于
云彩的蓝色，玻璃幕墙上除了
反光还有镀膜玻璃的固有色

建筑周边的树梢简化表现，遮
挡的建筑结构不宜过多

建筑墙面选用暖灰色表现，竖
向运笔排列

底部灌木深色绿化的轮廓采用
白色笔勾线

▲办公建筑（贺怡）

深色墙面运笔应当整齐端庄，窗台以下部位应当加深

表现傍晚的夜空，颜色可以很浅，着重表现建筑中的灯光

街景色彩以暖黄色灯光为主

水面倒影颜色较深，采用横向线条整齐排列，能加深水面的反射效果

近处的倒影门窗结构应当清晰表现，能平衡画面关系

技法详解

　　建筑中景和近景都画完以后可以开始绘制远景，远景保持概括、简洁的表达方式，不宜画的太复杂。画完近、中、远景以后可以根据空间配上一些远景的植物，用来烘托景观的环境。用概括的手法处理，不要画太多细节，最后调整构图和刻画光影关系即可。

▲古典建筑街景

圆拱弧线造型保持细腻对称，
能产生良好的画面构图效果

暖灰色细致着色，运笔谨慎，
不要超出边界线

鸟瞰角度的结构应当尽量细
化，绿化草坪与灌木可以用
同一种颜色

近处构造选用暖灰色，远处
保持轮廓结构不着色，形成
虚实对比

▲古典建筑（朱丝雨）

天空云彩颜色较浅，采用彩色
铅笔顺应屋顶造型来排列线条，
这样能强化建筑形体结构

三角形墙面造型上表现出光影
关系，运笔效果也形成三角形

玻璃幕墙上的反射颜色种类应
当丰富，可以选用多种蓝色来
混合表现

▲学校建筑（蒋文武）

对于时间要求较短的画面，天
空可以选用点笔技法来表现

重点表现暗部色彩，应当较深
且浓重，能衬托出亮面的浅色

最前方的测量和人物适当表现，
适用于大型建筑前的开阔地

▲学校建筑（朱丝雨）

休闲度假建筑中的绿化植物尽量多姿多彩，着色分多个层次

树干上部色彩较深，是树叶的投影表现

天空云彩中采用涂改液来表现，能起到丰富画面的效果

蓬松的草屋屋顶采用干扫运笔，顺着草铺装方向运笔

▲休闲度假建筑（蒋文武）

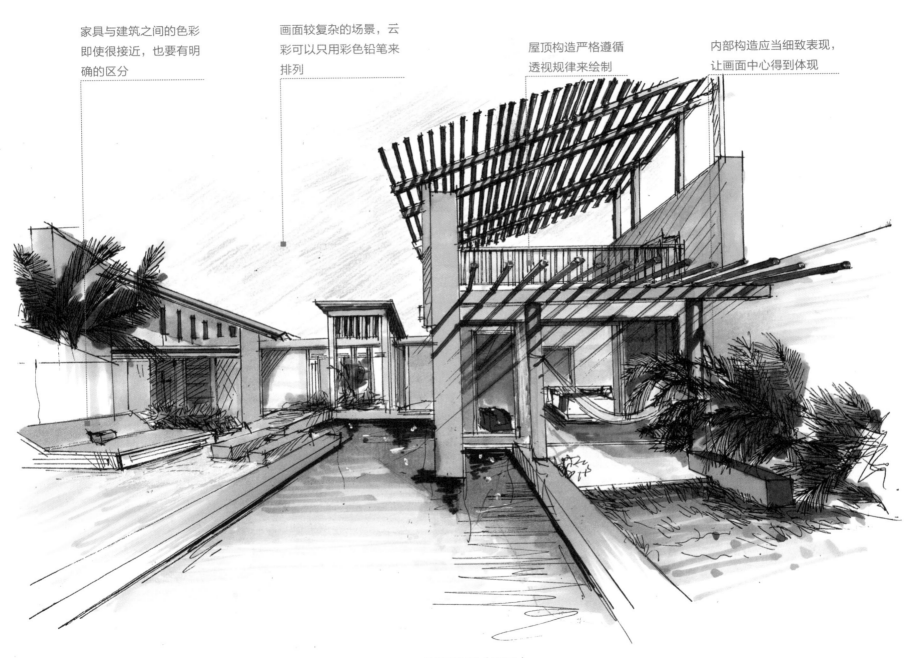

家具与建筑之间的色彩
即使很接近，也要有明
确的区分

画面较复杂的场景，云
彩可以只用彩色铅笔来
排列

屋顶构造严格遵循
透视规律来绘制

内部构造应当细致表现，
让画面中心得到体现

▲别墅建筑（周浪）

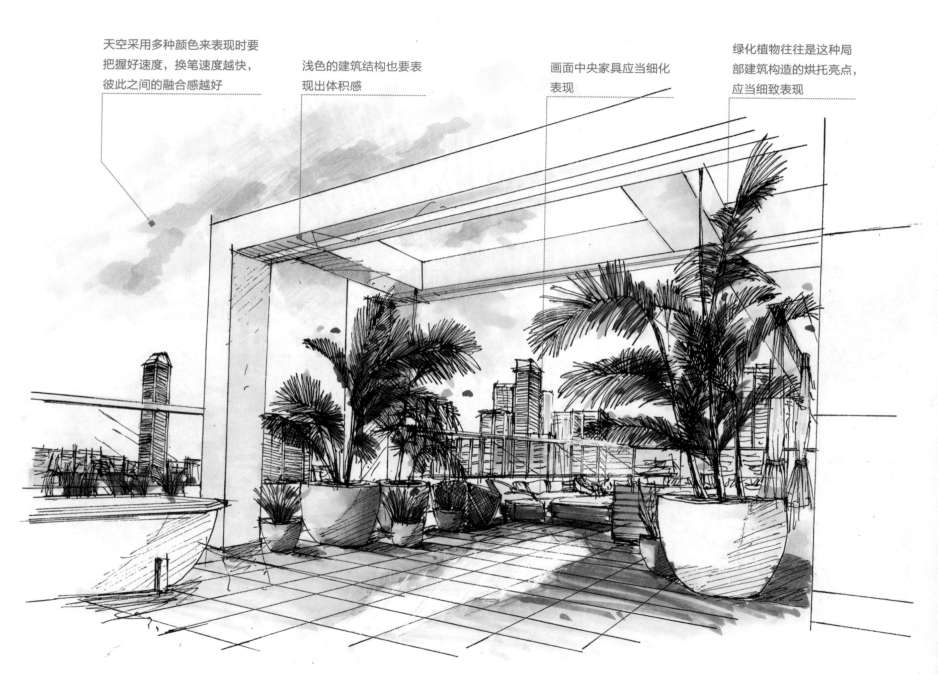

天空采用多种颜色来表现时要把握好速度，换笔速度越快，彼此之间的融合感越好

浅色的建筑结构也要表现出体积感

画面中央家具应当细化表现

绿化植物往往是这种局部建筑构造的烘托亮点，应当细致表现

▲休闲度假建筑（周浪）

大面积墙面着色后会显得单调平整，可以用绘图笔在墙面上做一些点笔来丰富墙面效果

水池颜色可以深些，配色可以更随意，不受天空的影响

屋顶下颜色较深，与天空浅色形成明确对比

地面运笔顺应着透视方向，采用多种同类色来叠加

▲休闲度假建筑（周浪）

如果位于前部的建筑遮挡了
后部建筑，可以只绘制前部
的部分建筑构造，同时满足
构图的需要

低矮的灌木色彩繁多，可以
大胆选用非绿色来表现

位于画面边缘的运笔可以保
持大的方向，运笔可更随意

▲休闲度假建筑（周浪）

当建筑顶部为深色时，可以
不用表现云彩

建筑自身的颜色受材质影响，
尽量凸出玻璃幕墙和普通墙
面之间的对比

草地选用深色彩色铅笔强化
表现，让画面更稳重

▲会议中心建筑（周浪）

对于横向展开的建筑，屋顶
上的天空运笔方向应当统一

建筑屋檐下部通常是最深的
颜色，与天空浅色形成对比

玻璃幕墙上反光要表现出反
射建筑的轮廓

▲博览中心建筑（王璇）

全着色马克笔效果图能表现出
凝重、明快的效果，但是绘制时间
长，需要着色的部位多，这种表现
方式适用于幅面较小的作品，或者
时间充裕的考试。在绘制过程中也
要把握好进度，对每个局部的画法
要了如指掌，平时多练习，不能在
考试时有尝试技法的心理，对一个
局部不能反复着色，以免画脏或浪
费时间。

倾斜运笔能表现出光照感和
刮风感，营造出特别真实的
效果

▲商务办公建筑（王璇）

只对暗部着色是比较简单的马克笔技法，找准暗部色彩关系，画完，画充足后，再根据整体画面需要，向两面拓展少量颜色。对于植物、配景的色彩就更简单了，只需要找准深、浅两种颜色就能完成一个部位的着色。这种技法适用于时间紧张的快题表现，但是整体画面注重的不再是表现技法了，而是设计感觉。

建筑表面色彩较浅，能被深色天空所衬托

强烈的光照来自于傍晚的夕阳

适当运用紫色来丰富云彩边缘的效果

夜空的云彩大胆用深色来表现，天空可以分为2~3个层次绘制，环绕在建筑周边的颜色应当较深

▲商务办公建筑（王璇）

没有受到光照的墙面选
用深色，但是周边应当
选用浅色来衬托

来自建筑内部的灯光对建筑形成
很强的光照效果，适当运用浅蓝
色来表现玻璃幕墙对天空的反光

在灯光的影响下，受光面往
往是局部，同一墙面左侧是
受光面，右侧是背光面

强化的建筑倒影可以采用横
向线条来表现，竖向线条是
色彩的分界线

▲商务办公建筑（王璇）

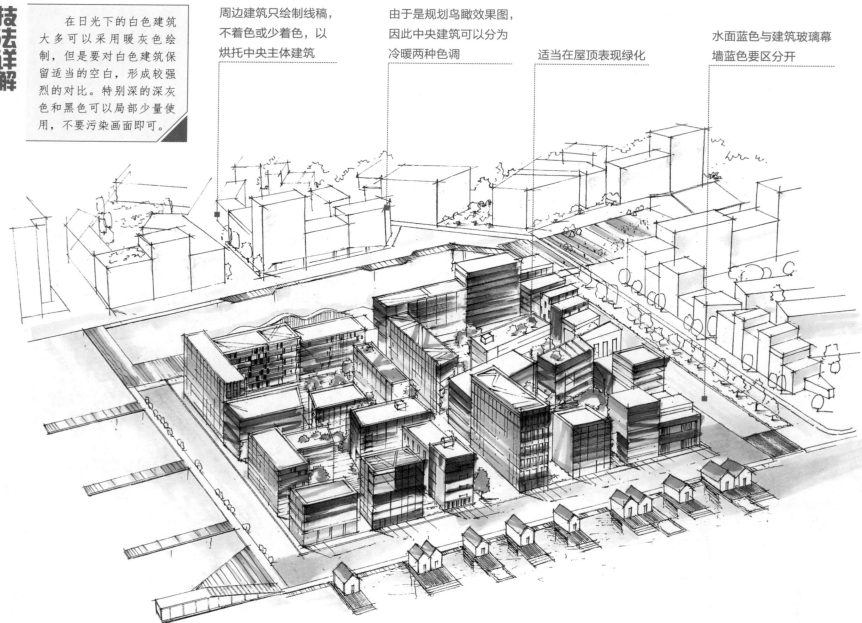

技法详解 在日光下的白色建筑大多可以采用暖灰色绘制，但是要对白色建筑保留适当的空白，形成较强烈的对比。特别深的深灰色和黑色可以局部少量使用，不要污染画面即可。

周边建筑只绘制线稿，不着色或少着色，以烘托中央主体建筑

由于是规划鸟瞰效果图，因此中央建筑可以分为冷暖两种色调

适当在屋顶表现绿化

水面蓝色与建筑玻璃幕墙蓝色要区分开

▲建筑规划鸟瞰（周灵均）

屋顶色彩很浅，但是
颜色丰富

人物有选择地着色，部
分可以空白

彩色铅笔覆盖在马克
笔表面同时刻画细节
构造

水面采用较深的蓝色，
与天空云彩要区分开

▲民居古建筑

天空云彩先用浅色铺装
一层，再用深色沿着建
筑顶面强化，能衬托出
建筑

雨篷是画面中心，底部
颜色不宜过深，笔触排
列整齐

建筑在强光着色下，会
有光照轮廓，可以用绘
图笔强化表现

建筑中远景结构复杂，
色彩对比较大，彼此之
间区别要大，才能相互
衬托

重点表现建筑下部的各
种结构，适当给一些构
造留白处理

▲街景建筑（金晓东）

位于近处的树木颜色饱和度要高，层次丰富，近处的电线表面用涂改液表现出高光

由于树木面积较大，因此天空适当排列笔触，表现得浓重一些

较远的树木可以选用较深的绿色，色彩与近处形成对比，表现出空气中的尘埃

树干的浅色是绘制树叶时预留出来的空白，再覆盖褐色，由于面积较大，不宜使用涂改液

画面的重点集中在建筑招牌与二层，因此弱化了一层着色，仅仅表现出简单的体积关系即可

▲街景建筑（金晓东）

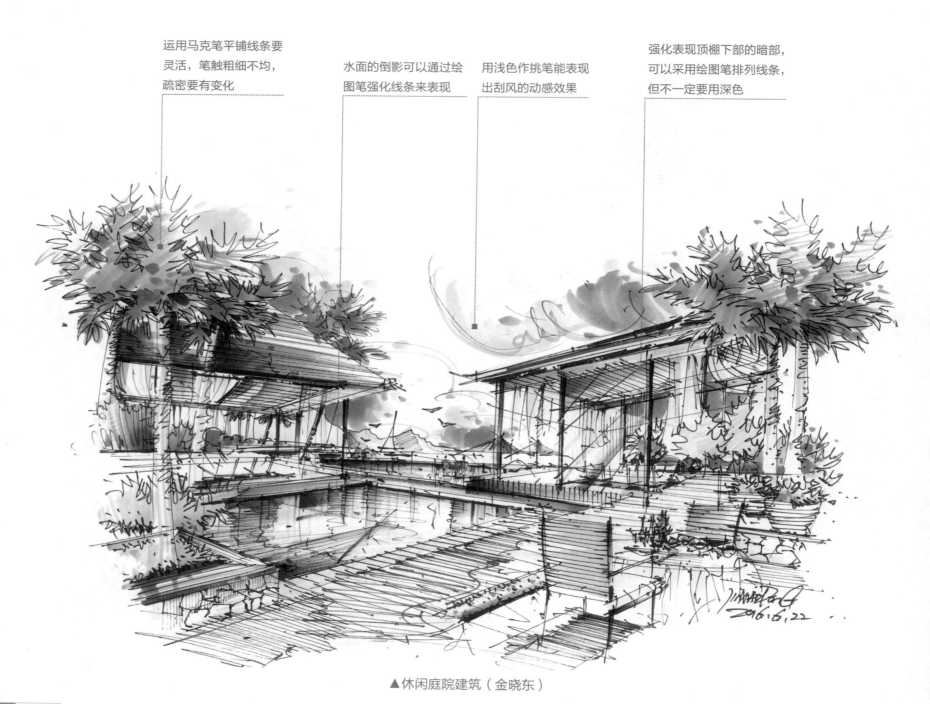

运用马克笔平铺线条要
灵活，笔触粗细不均，
疏密要有变化

水面的倒影可以通过绘
图笔强化线条来表现

用浅色作挑笔能表现
出刮风的动感效果

强化表现顶棚下部的暗部，
可以采用绘图笔排列线条，
但不一定要用深色

▲休闲庭院建筑（金晓东）

在建筑边角表现较深的
云彩，能衬托出建筑

阳台栏杆的花式造型采
用简单的曲线来表现，
整齐如一效果明显，采
用两种颜色来区分明暗
关系

树木上的枝叶采用灵活
的挑笔技法来表现

位于画面中央的主要景
物是表现重点，色彩的
明暗层次要有对比

地面投影区域要明确，
采用多种暖灰色

▲街景建筑（金晓东）

多种浅色同时集中在建筑外墙上，最后用深灰色来表现体积感

位于画面前方的树木一般用枯树表现，不会遮挡后面的建筑

强化表现枯树在
地面上的投影

▲村镇建筑（金晓东）

技法详解

画幅的长宽比例一般为传统的4∶3或5∶4，这样能适应各种设计构图。随着时代的发展，很多手机屏幕如今都是16∶9或18∶9，给我们生活带来了全面革新。在考试时可以选用类似于手机长宽比例的画幅，当然也要根据整体画面的构图效果来决定。过于扁长的幅面适用于左右宽度较大的设计对象，一般以一点透视为主，两点透视的消失线过长会让人感到透视不真实，三点透视更是很难表现。

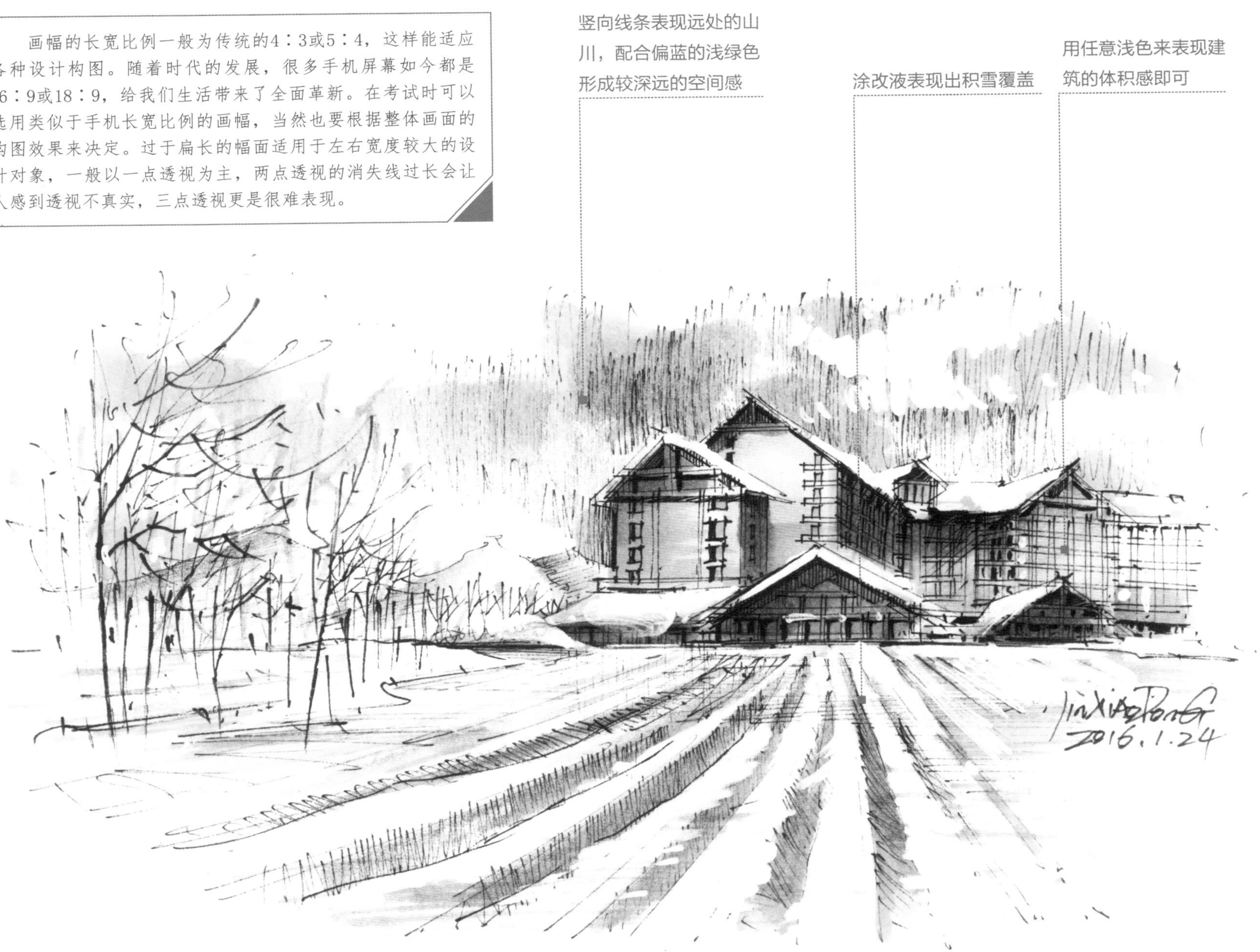

竖向线条表现远处的山川，配合偏蓝的浅绿色形成较深远的空间感
涂改液表现出积雪覆盖
用任意浅色来表现建筑的体积感即可
JinXiaoDonG
2016.1.24

▲村镇度假建筑（金晓东）

无树叶的树枝能看清主
体建筑，少量樱花是重
要的点缀

建筑主体自身为灰色，
受阳光着色偏黄

适当运用浅蓝色来表现
树梢的边缘空间

楼梯台阶与人是画面的
重要组成部分，深色台
阶与建筑上部的深色屋
檐形成呼应

最近处的运笔应当肯定，
具有终结的作用

▲学校建筑（金晓东）

树丛深处运用较深的褐色与黄色来衬托前景的空白树干

呈团组的云朵分散到画面各处，平衡画面的色彩关系

建筑下部的水流用深色来表现石头的间隙阴影

适当运用白色笔在深色投影上表现树枝形态

▲休闲度假建筑（李碧君）

受光面留白，上部有天
空，下部有阴影衬托

抖动的慢线适合徒手表
现建筑主体轮廓

水面色彩采用多种绿
色、蓝色、灰色叠加

较深的投影采用绘图笔
排列线条来表现

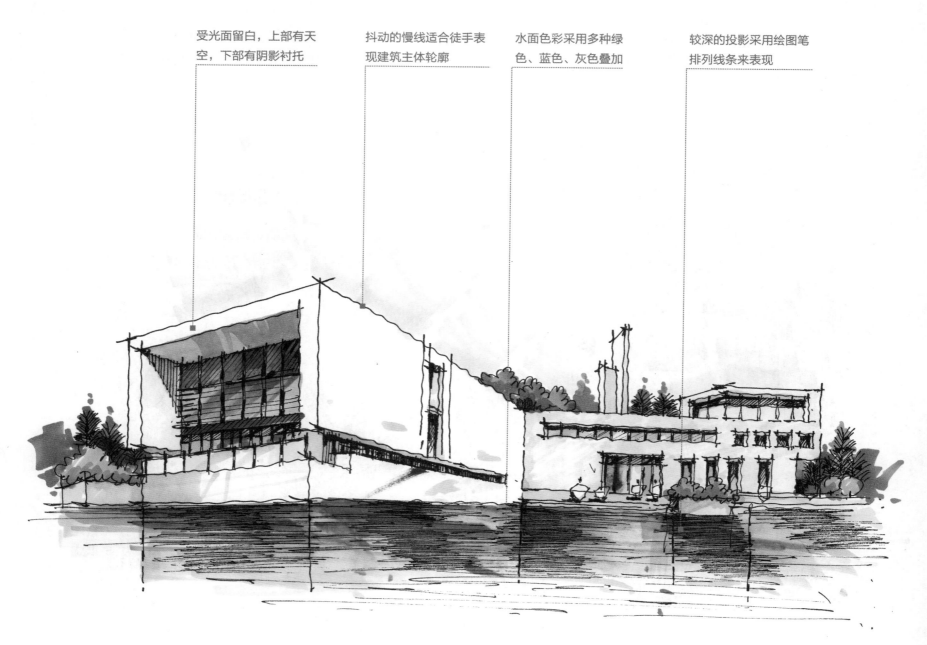

▲行政办公建筑（杨雨金）

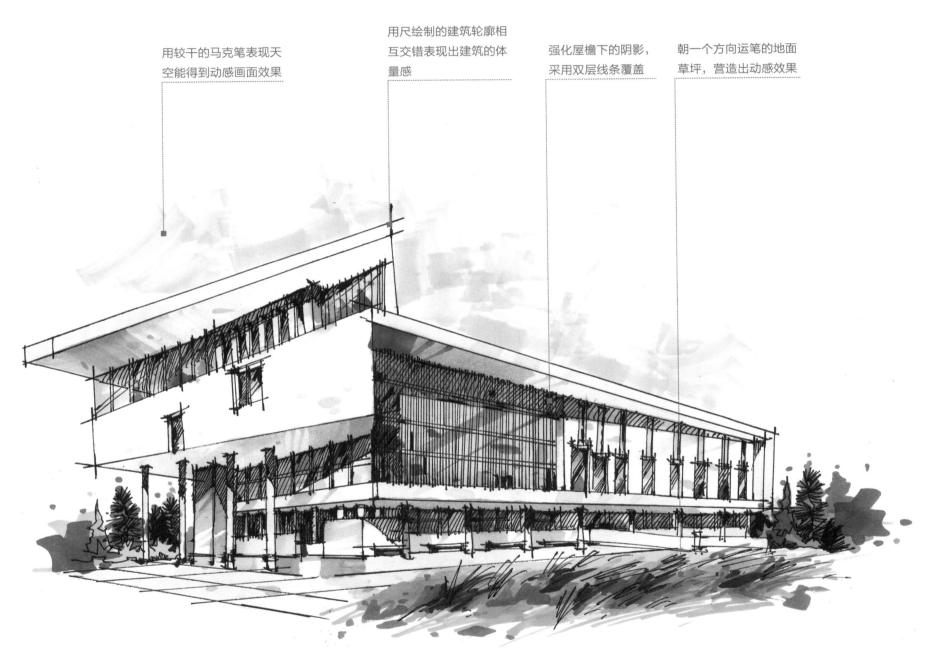

用较干的马克笔表现天空能得到动感画面效果

用尺绘制的建筑轮廓相互交错表现出建筑的体量感

强化屋檐下的阴影，采用双层线条覆盖

朝一个方向运笔的地面草坪，营造出动感效果

▲行政办公建筑（杨雨金）

远处建筑着色逐渐变浅，逐渐虚化处理

主体建筑墙面除了运用点笔来丰富效果，最主要是采用直尺绘制出光照效果

建筑中央的白色墙面被周围的有色构造环绕，营造出衬托效果

水面近处运用深色笔触来表现阴影，同时压住画面整体关系

▲行政办公建筑（杨雨金）

为了表现近处树桩的沧桑感，采用浅、中、深三种褐色绘制，最后采用白色笔强化亮部

建筑侧面造型比较丰富，选色配色要大胆，保持好明度，不能过暗

浅色屋顶需要深色天空来衬托，天空运笔大气磅礴

建筑墙面与其他构造选用暖灰色，颜色较深，能与天空一起衬托出浅色屋顶

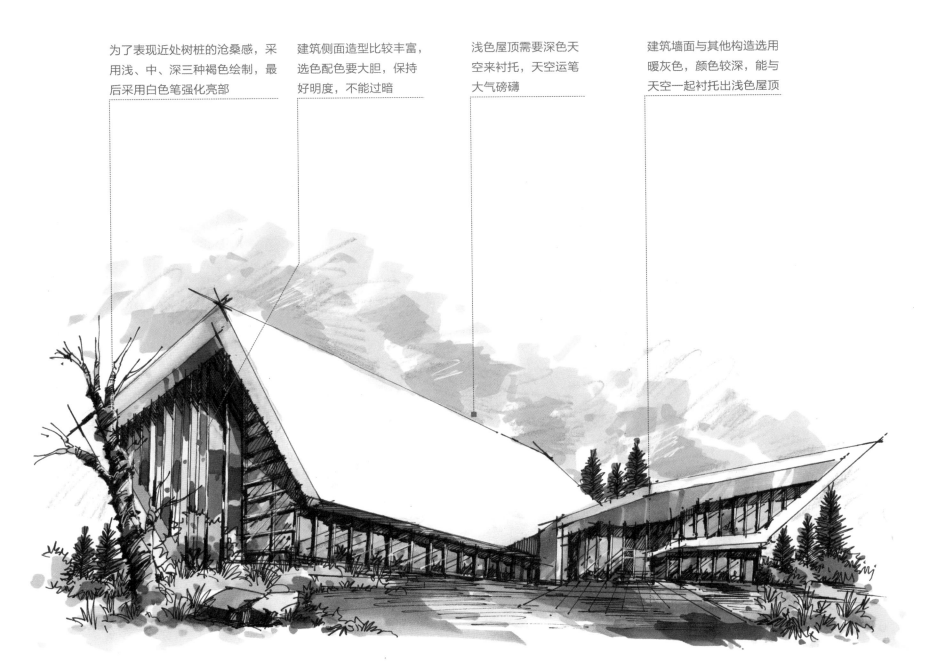

▲ 行政办公建筑（杨雨金）

树木暗部用绘图笔排列
线条来强化

屋顶上有来自树木的阴
影，呈现出花斑效果，
但是色彩要统一

采用白色笔与直尺绘制
木质板材的轮廓来强化
屋顶材料的体积感

看似凌乱的天空仍然以
团组的形式表现，形成
一定的体积感

▲度假别墅建筑（杨雨金）

草坪绘制颜色较深，重点是衬托建筑主体

建筑屋顶的侧面是受光面，保持空白不着色

屋顶要被天空的深色衬托出来，颜色就不能太浅，以冷灰色为佳

建筑结构侧面是受光面，统一保持光亮效果

▲度假别墅建筑（杨雨金）

玻璃上的反光集中表现
为多种蓝色与冷灰色

呈螺旋形的挑笔张弛有
度，有疏有密，为画面
添加动态效果

在棕色马克笔铺垫下排
列密集的竖向线条，能
大幅度提升画面中心感

强化加深投影能更好衬
托出屋檐的受光面

▲度假别墅建筑（杨雨金）

多种绿色表现灌木丛，注意浅色与深色相互搭配，保留运笔的间隙

在蓝色马克笔上局部覆盖紫色彩色铅笔线条，让画面更有动感

幕墙玻璃采用紫色与蓝色交互融合，表现出浑然一体的效果

由于幕墙玻璃面积较大，在幕墙玻璃底部表现出树木形态，让玻璃中的反射景象更加充实

▲度假别墅建筑（杨雨金）

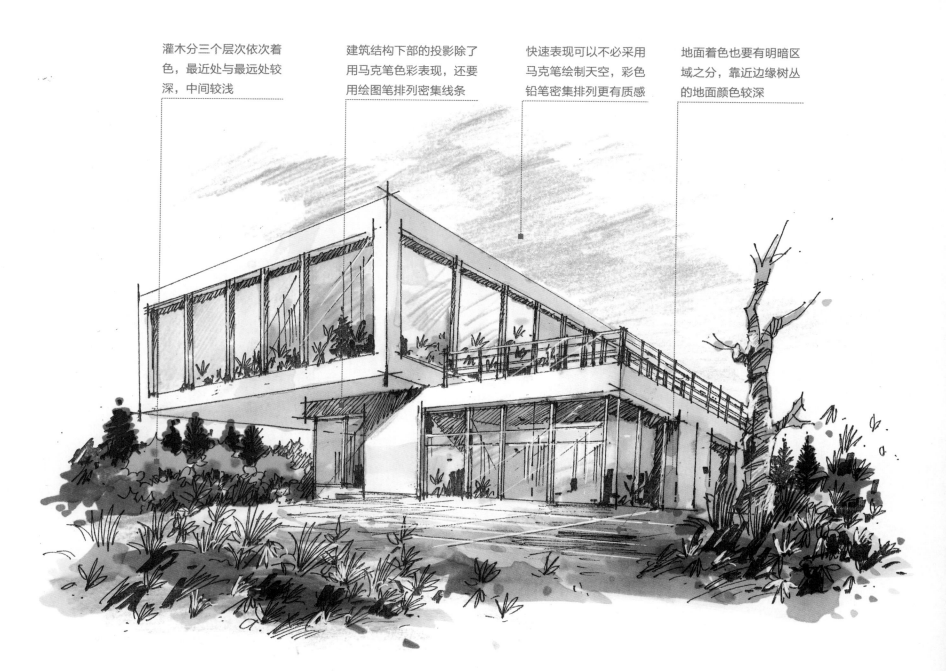

灌木分三个层次依次着色，最近处与最远处较深，中间较浅

建筑结构下部的投影除了用马克笔色彩表现，还要用绘图笔排列密集线条

快速表现可以不必采用马克笔绘制天空，彩色铅笔密集排列更有质感

地面着色也要有明暗区域之分，靠近边缘树丛的地面颜色较深

▲度假别墅建筑（杨雨金）

店面招牌底色铺装均匀，适当表现笔触即可

玻璃采用马克笔平铺后再用彩色铅笔覆盖

招牌文字不要用书写习惯来表现，要将文字当作图形来绘画

涂改液在玻璃上点白表现出良好的反光效果

ICBC 中国工商银行

▲银行建筑（张达）

在马克笔着色表面覆盖彩色
铅笔能提升墙面材质质感

店面内的家具、陈
设是表现的重点

地面颜色较深，点上涂改液
能强化出倒影和反光效果

较远的墙面可以不用覆
盖彩色铅笔，尽量简洁

▲ 商业店面建筑（张达）

依靠直尺将马克笔竖
向运笔，整齐干练

受光面采用浅黄色
来表现日照效果

暗部采用较深的暖灰色
表现，与亮面形成对比

中央的玻璃幕墙是重点，
光影对比应当最强

▲行政办公建筑（张达）

周边建筑简单着色，对比较弱，以灰色为主

深色云彩环绕在建筑顶部周边，营造出对比

倾斜且密集排列彩色铅笔线条，增添建筑的外墙质感

地面选用深色来衬托主体建筑

▲行政办公建筑（张达）

浅色云彩以整体画面效
果为参考，避免云彩过
于深重与画面不协调

建筑与树木叠加部位，
建筑着色应当虚化，甚
至留白

暗部采用较深的暖灰色，
多层次建筑细化着色能
丰富画面效果

需要强化对比的建筑构
件位于画面中心前方

铺装材料深浅对比不一
达到相互衬托的效果

▲公园景观建筑（张子妍）

树木的明暗层次把握得当，形成团组具有强烈的体积感

跌水的效果最强烈，需要严格控制不着色的部位，让高光与反光形成对比

商业建筑五彩缤纷，多种颜色才能表现出建筑的空间氛围

人物使画面变得更有生气，但是人物的造型应当简练，用几何形来概括

地面铺装材料严格遵循透视规律来表现

▲商业景观建筑（张子妍）

第五章　快题设计作品

快题设计是指在较短的时间内将设计者的创意思维通过手绘表现的方式创作，最终要求完成一个能够反映设计者创意思想的具象成果。

目前，快题设计已经成为各大高校设计专业研究生入学考试、设计院入职考试的必考科目，同时也是出国留学（设计类）所需的基本技能，快题设计是考核设计者基本素质和能力的重要手段之一。

快题设计可分为保研快题、考研快题、设计院入职考试快题，不同院校对保研及考研快题的考试时间、效果图、图纸均有不同。但是基本要求和评分标准都相差无几，除了创意思想，最重要的就是手绘效果图的表现能力了。本章列出快题设计优秀作品供大家学习参考。

第22天 做什么

根据本书内容，建立自己的建筑快题立意思维方式，列出快题设计中存在的主要设计元素，如墙体分隔、空间布置等，绘制1张A2幅面社区公共建筑平面图、立面图、主要剖面图，以及简单创意思维过程图，重点在于厘清空间尺寸与比例关系。

快题设计 街角邮局

设计说明：

本案例是一个街角邮局建筑设计，方盒子形体是本次设计的灵感点，方盒子造型极其简约，开设的门窗不仅是采光、通风的功能要求，更是强化表现方盒子设计要领的特征重点。平面布局为环绕式"回"形布局，将核心业务区集中在中央，周围逐层拓展为展示销售区与等候区，功能齐全，此外还配套园林景观休闲区，将传统普通的邮局营造成一个放松、舒适的多功能业务办公空间。

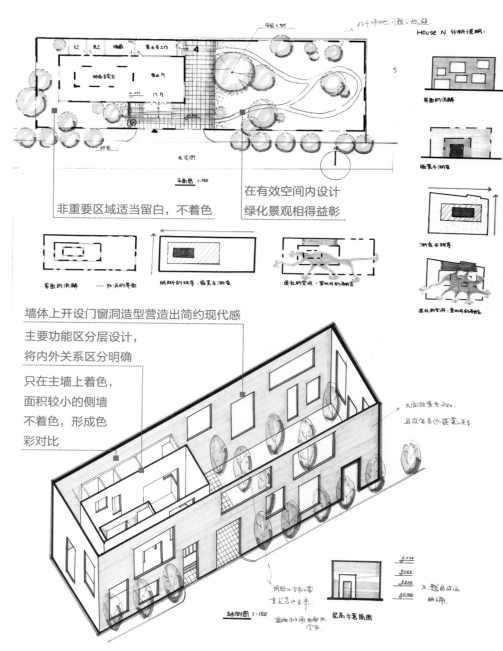

▲快题设计街角邮局建筑（刘哲）

快题设计

极限运动体验馆

技法详解

设计说明：

　　本案例是一个运动体验馆建筑设计，建造在坡地地势上，分为上、中、下三层，保证空气对流，主要功能区以体验为主，首层以接待会客为主，负一层为主要体验功能区，以营销为主，负二层为大型体验厅兼顾多功能运动区。整个建筑造型采用几何体多边形设计，富有现代感与动态感。打破传统健身房的设计概念，以销售为主要经营模式，提升客户的体验感受。

　　快题设计的评分标准：图面表现40％、方案设计50％、优秀加分10％。在不同的阶段，表现和设计起着不同的作用。

　　评分一般分为三轮：第一轮将所有考生的试卷铺开，阅卷老师浏览所有试卷，挑出表现与设计上相对很差的作品作为不及格之列。第二轮将剩下的及格试卷评出优、良、中、差四档并集体确认，不允许跨档提升或下调。第三轮按档次量分转换成分数成绩，略有1～2分的分差。要满足以上评分，从众多竞争者中脱颖而出，除了表现技法以外，对于创意思想可以在考前多背忆一些国内外优秀设计案例。

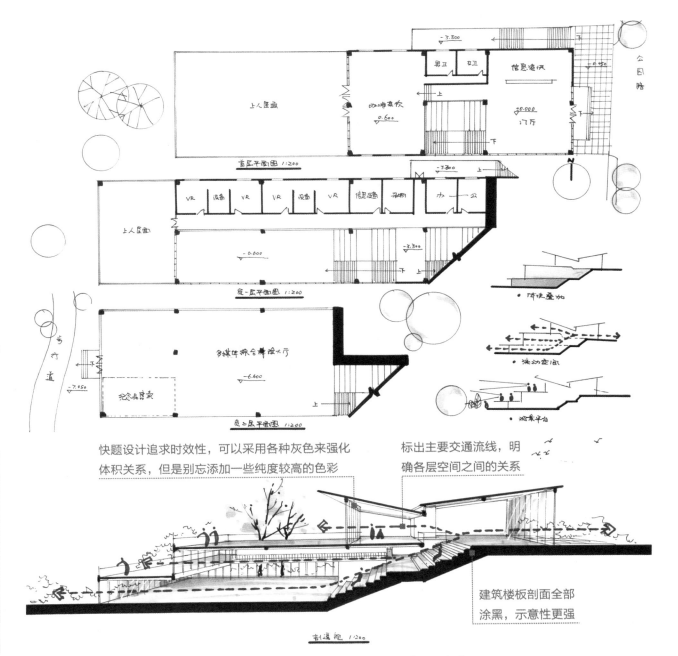

快题设计追求时效性，可以采用各种灰色来强化体积关系，但是别忘添加一些纯度较高的色彩

标出主要交通流线，明确各层空间之间的关系

建筑楼板剖面全部涂黑，示意性更强

▲快题设计极限运动体验馆建筑（张子妍）

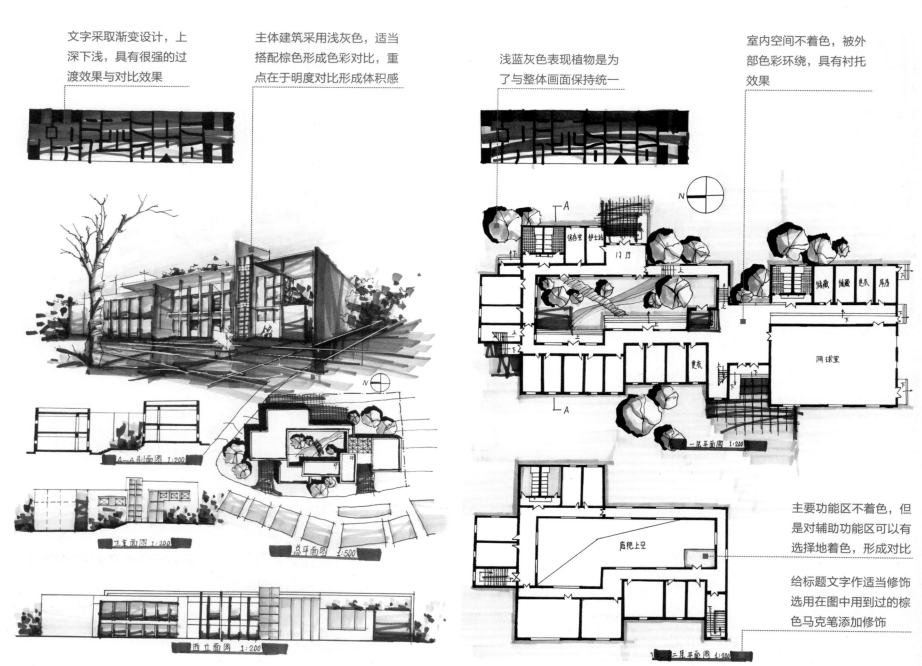

文字采取渐变设计，上深下浅，具有很强的过渡效果与对比效果

主体建筑采用浅灰色，适当搭配棕色形成色彩对比，重点在于明度对比形成体积感

浅蓝灰色表现植物是为了与整体画面保持统一

室内空间不着色，被外部色彩环绕，具有衬托效果

主要功能区不着色，但是对辅助功能区可以有选择地着色，形成对比

给标题文字作适当修饰选用在图中用到过的棕色马克笔添加修饰

A—A剖面图 1:200

正立面图 1:200

总平面图 1:500

西立面图 1:200

一层平面图 1:200

网球室

庭院上空

二层平面图 1:200

▲快题设计网球馆建筑（龚涵）

快题设计

社区活动中心

技法详解

设计说明：

　　本案例是一个社区活动中心建筑设计，整体造型采取倾斜坡规化设计，主要功能区包括数室、书画活动室、戏迷活动室、棋牌室、茶室、办公室、小卖部、户外平台等主要功能空间。建筑形体功能齐备，造型简洁，配置必要的绿化种植。造价成本低廉，适用性很强，满足全国各地社区推广建造的需要。

　　快题设计考试是水平测试，要稳健，力求稳中求胜。制图符合规范，避免不必要的错误；创意设计题意，没有忽略或误读任务书提供的线索；手绘表现美观，避免明显反人性的空间组织方式；有闪光点，能够吸引评分老师。

纯粹的线稿能提高制图速度，但是老师在评分时对线稿的表现要求会很高，应当使用直尺、模版绘制，综合来看，如果手绘功底较好，建议不用直尺，将更多的时间放在着色表现上

为了表现木质材料，选用黄色作为主色调，在室外地面平铺，与建筑的黑色投影形成强烈对比，具有醒目效果

建筑侧面选用暖灰色铺装，与黄色形成统一暖色效果

功能分析主要表明人与车交通流线、南北朝向与风向、各功能区之间的关系，这些都是深入说明设计方案的重要补充

▲快题设计社区活动中心建筑（刘哲）

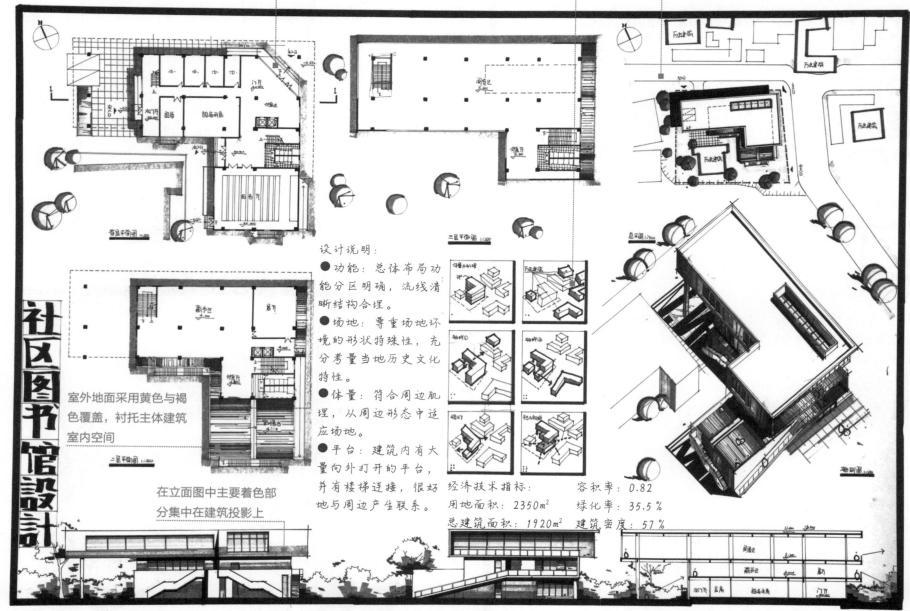

室内空间不着色，仅对外围投影着色　　　创意分析图可以采用立体效果来表现　　　地理环境与周边位置对建筑方案设计很重要

社区图书馆设计

室外地面采用黄色与褐
色覆盖，衬托主体建筑
室内空间

在立面图中主要着色部
分集中在建筑投影上

设计说明：
● 功能：总体布局功
能分区明确，流线清
晰结构合理。
● 场地：尊重场地环
境的形状特殊性，充
分考量当地历史文化
特性。
● 体量：符合周边肌
理，从周边形态中适
应场地。
● 平台：建筑内有大
量向外打开的平台，
并有楼梯连接，很好
地与周边产生联系。

经济技术指标：　　　　容积率：0.82
用地面积：2350m²　　　绿化率：35.5 %
总建筑面积：1920m²　　建筑密度：57 %

▲快题设计社区图书馆建筑（姚鹤立）

122

做什么

实地考察周边建筑，或查阅收集资料，独立设计构思一处较小规模图书馆、文化馆或学校建筑的平面图，设计并绘制重点部位的立面图、效果图，编写设计说明，1张A2幅面。

文字书写以图形的方式来绘画，覆盖颜色，预留好空白，形成一定过渡渐变与对比效果

仅仅采用蓝灰、棕黄、黑三套颜色来表现平面图，绘图速度快，效果明显

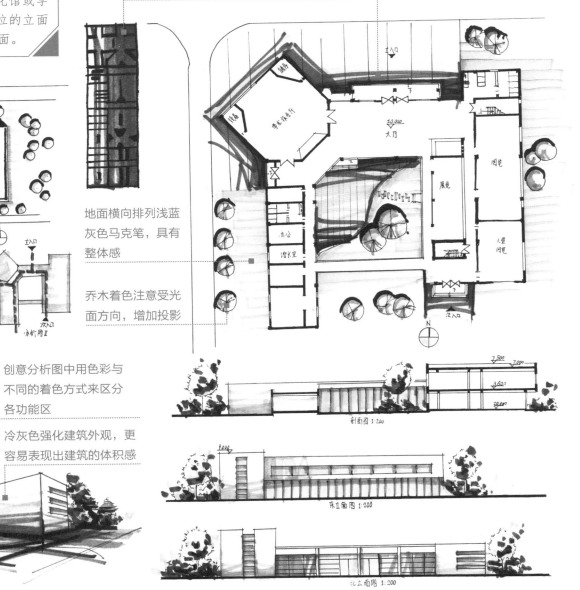

地面横向排列浅蓝灰色马克笔，具有整体感

乔木着色注意受光面方向，增加投影

建筑外围采用马克笔环绕，强化室内空间布局

创意分析图中用色彩与不同的着色方式来区分各功能区

冷灰色强化建筑外观，更容易表现出建筑的体积感

▲ 快题设计图书馆建筑（龚涵）

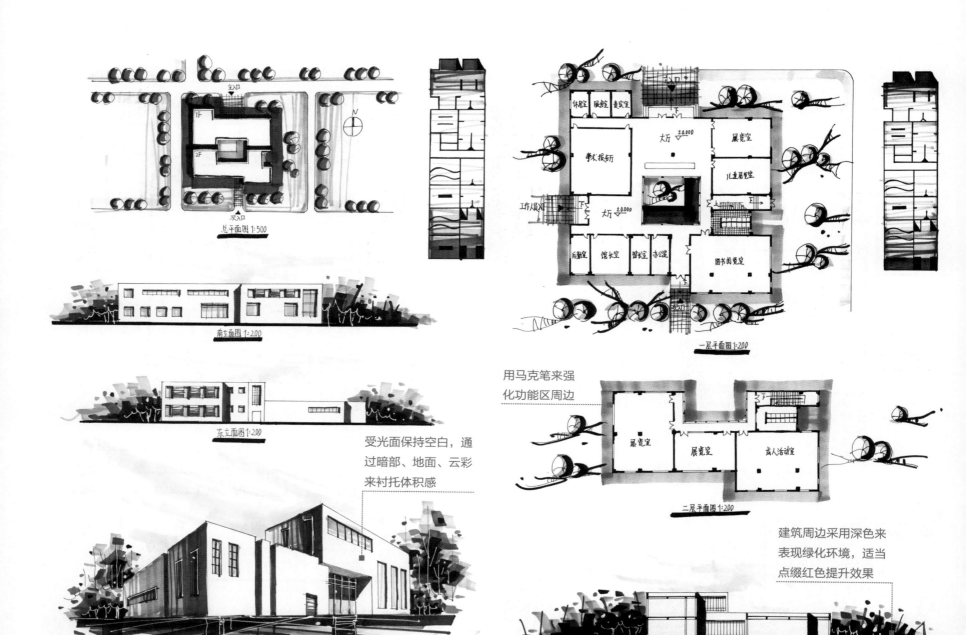

总平面图1:500

南立面图1:200

东立面图1:200

一层平面图1:200

二层平面图1:200

剖面图1:200

休憩室　服务室　食堂室
大厅　±0.000　展览室
学术报告厅　儿童展览室
工作人员出入口　大厅　±0.000
后勤室　馆长室　副长室　办公室　图书阅览室

展览室　展览室　成人活动室

用马克笔来强
化功能区周边

受光面保持空白，通
过暗部、地面、云彩
来衬托体积感

建筑周边采用深色来
表现绿化环境，适当
点缀红色提升效果

▲快题设计图书馆建筑（贺怡）

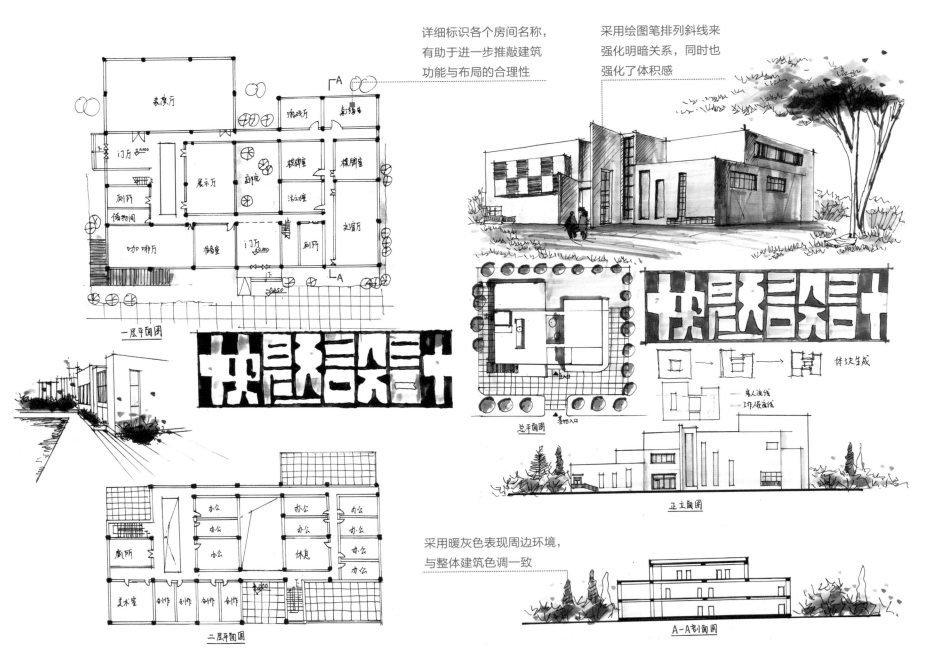

详细标识各个房间名称，有助于进一步推敲建筑功能与布局的合理性

采用绘图笔排列斜线来强化明暗关系，同时也强化了体积感

采用暖灰色表现周边环境，与整体建筑色调一致

一层平面图

二层平面图

总平面图

正立面图

A-A剖面图

▲ 快题设计文化馆建筑（周浪）

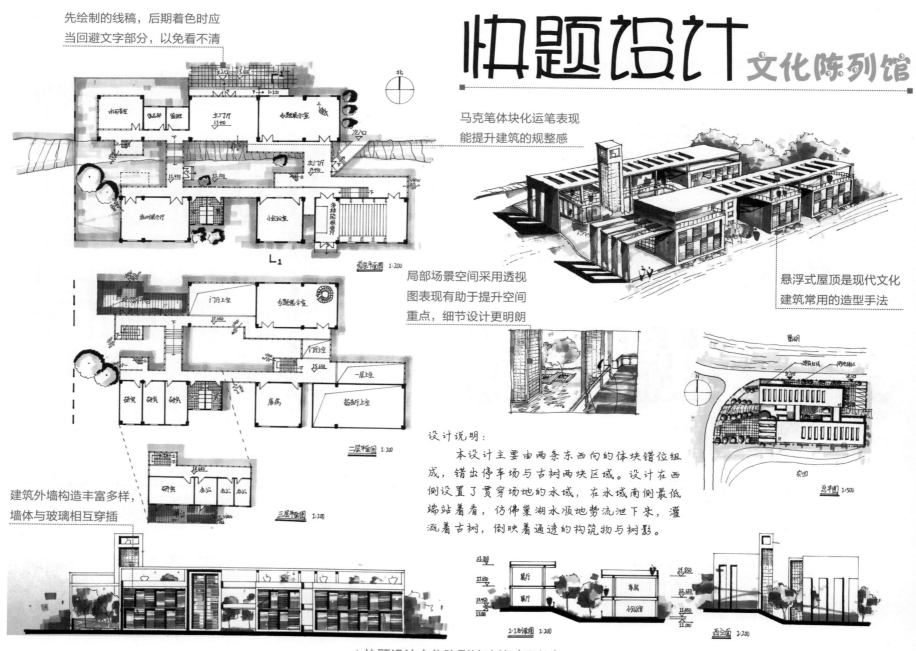

快题设计 文化陈列馆

先绘制的线稿，后期着色时应
当回避文字部分，以免看不清

马克笔体块化运笔表现
能提升建筑的规整感

局部场景空间采用透视
图表现有助于提升空间
重点，细节设计更明朗

悬浮式屋顶是现代文化
建筑常用的造型手法

建筑外墙构造丰富多样，
墙体与玻璃相互穿插

设计说明：

　　本设计主要由两条东西向的体块错位组
成，错出停车场与古树两块区域。设计在西
侧设置了贯穿场地的水域，在水域南侧最低
端站着看，仿佛巢湖水顺地势流泄下来，灌
溉着古树，倒映着通透的构筑物与树影。

▲ 快题设计文化陈列馆建筑（邱林）

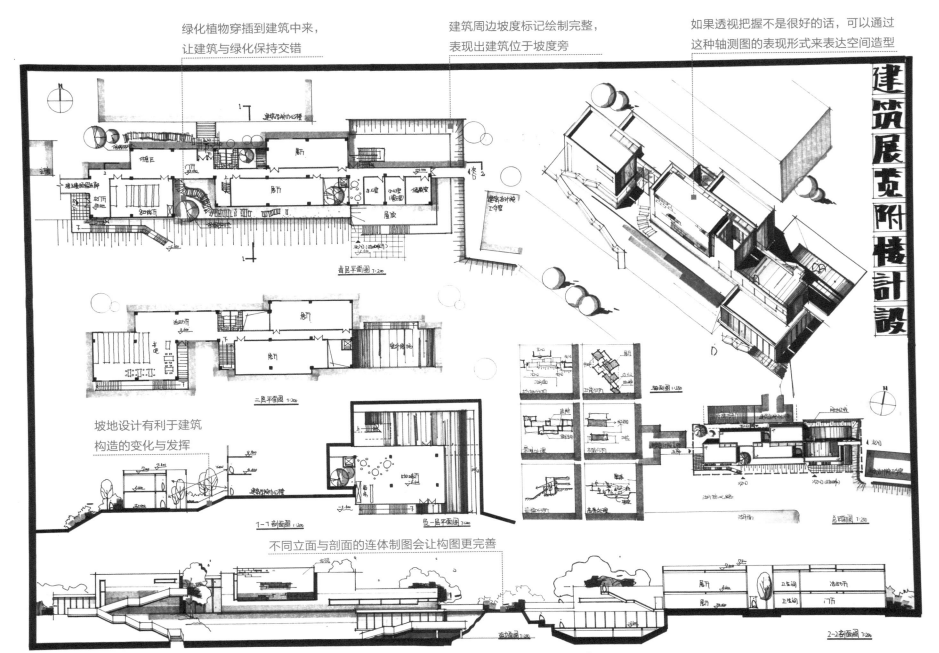

绿化植物穿插到建筑中来，
让建筑与绿化保持交错

建筑周边坡度标记绘制完整，
表现出建筑位于坡度旁

如果透视把握不是很好的话，可以通过
这种轴测图的表现形式来表达空间造型

坡地设计有利于建筑
构造的变化与发挥

不同立面与剖面的连体制图会让构图更完善

建筑展览附楼计设

▲快题设计建筑展览附楼建筑（姚鹤立）

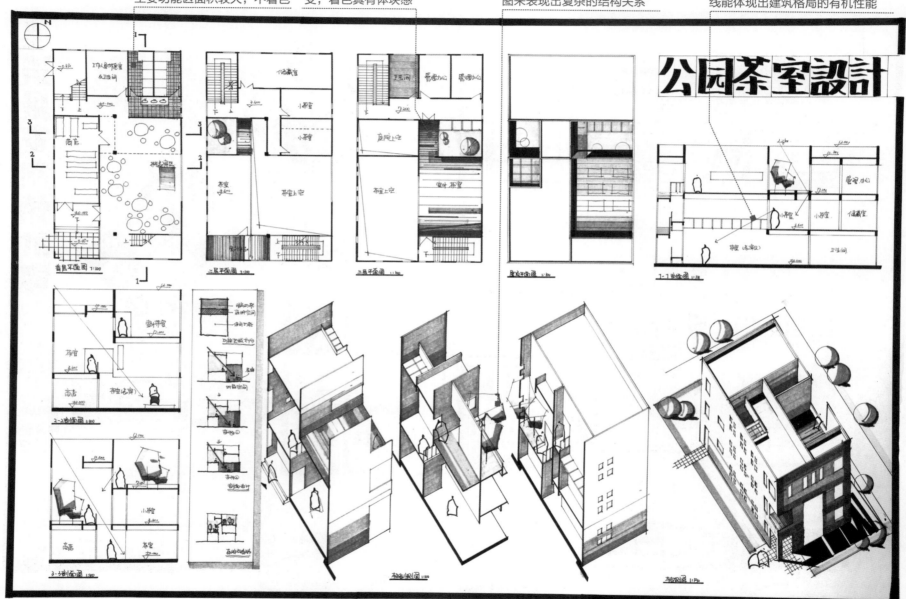

辅助功能区面积较小，不着色，地面着色形成一定渐
主要功能区面积较大，不着色　变，着色具有体块感

将建筑拆分开表现，通过轴测
图来表现出复杂的结构关系

在剖面图中标出人的视觉、交通流
线能体现出建筑格局的有机性能

公园茶室設計

▲快题设计公园茶室建筑（姚鹤立）

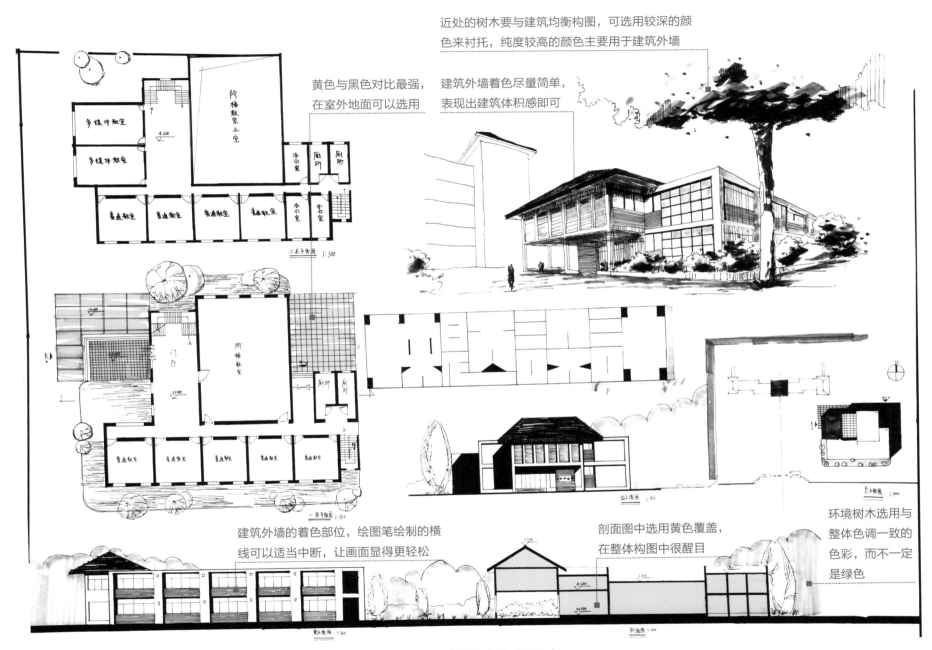

近处的树木要与建筑均衡构图，可选用较深的颜色来衬托，纯度较高的颜色主要用于建筑外墙

黄色与黑色对比最强，在室外地面可以选用

建筑外墙着色尽量简单，表现出建筑体积感即可

建筑外墙的着色部位，绘图笔绘制的横线可以适当中断，让画面显得更轻松

剖面图中选用黄色覆盖，在整体构图中很醒目

环境树木选用与整体色调一致的色彩，而不一定是绿色

▲快题设计学校建筑（周浪）

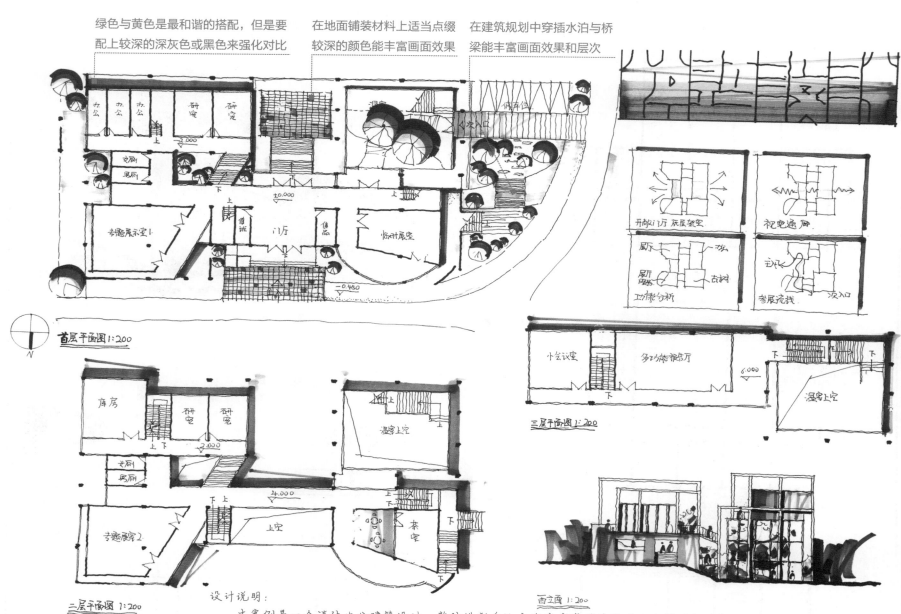

绿色与黄色是最和谐的搭配，但是要配上较深的深灰色或黑色来强化对比

在地面铺装材料上适当点缀较深的颜色能丰富画面效果

在建筑规划中穿插水泊与桥梁能丰富画面效果和层次

办公 办公 办公 研究 研究 报告 停车场 快入口

上 ±0.000

专题展示室1 接待 门厅 售品 临时展室

±0.000 -0.450

首层平面图1:200

开敞门厅 底层架空 祝览通廊

厅 古树 入口

工功能分析 参展流线 次入口

库房 研究 研究 报告上空

女厕 男厕

专题展室2 上空 茶室

二层平面图1:200

小会议室 多功能报告厅 报告上空

三层平面图1:200

西立面1:200

设计说明：
本案例是一个连体办公建筑设计，整体造型采取中央穿廊式连体设计，主要功能区包括研究办公室、展厅、会议室、多功能报告厅、茶室、绿化景观区等主要功能空间。建筑形体功能齐备，造型简洁，适用性很强。

▲快题设计办公建筑（王鸿晶）

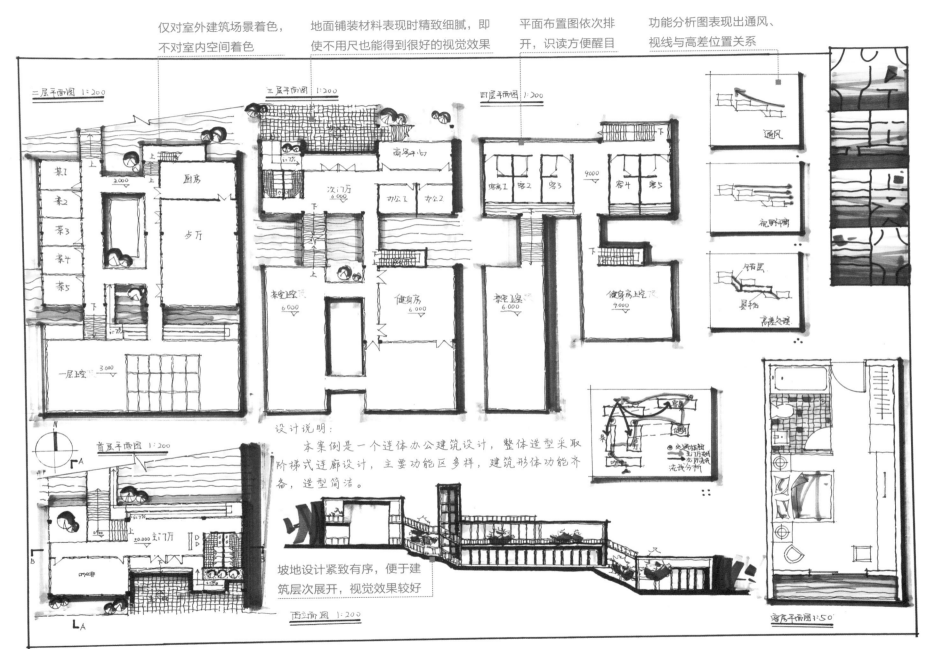

仅对室外建筑场景着色，
不对室内空间着色

地面铺装材料表现时精致细腻，即
使不用尺也能得到很好的视觉效果

平面布置图依次排
开，识读方便醒目

功能分析图表现出通风、
视线与高差位置关系

设计说明：

本案例是一个连体办公建筑设计，整体造型采取
阶梯式连廊设计，主要功能区多样，建筑形体功能齐
备，造型简洁。

坡地设计紧致有序，便于建
筑层次展开，视觉效果较好

▲快题设计商业建筑（王鸿晶）

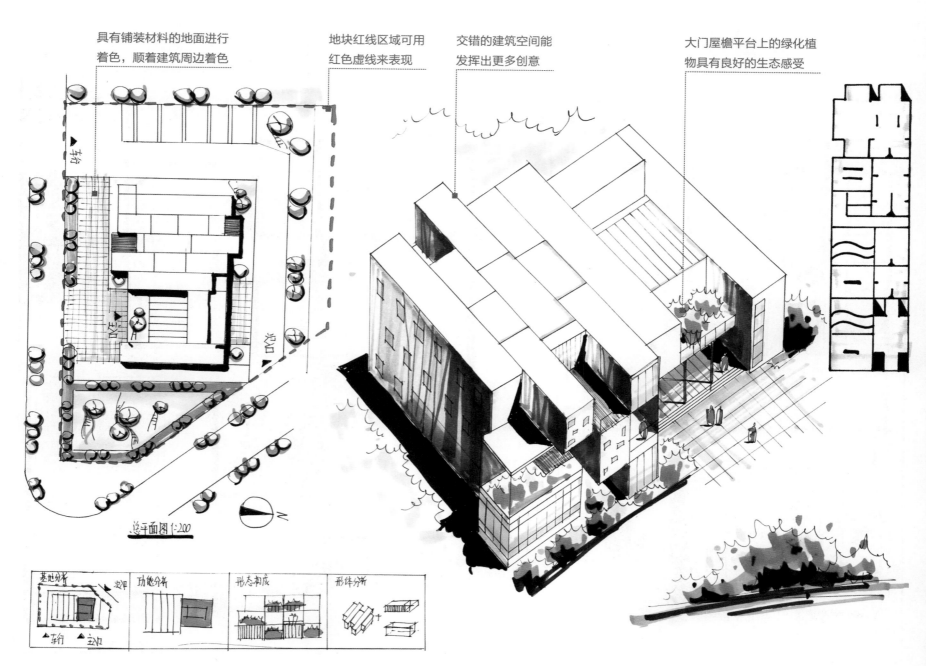

具有铺装材料的地面进行
着色，顺着建筑周边着色

地块红线区域可用
红色虚线来表现

交错的建筑空间能
发挥出更多创意

大门屋檐平台上的绿化植
物具有良好的生态感受

总平面图 1:200

N

基地分析   功能分析   形态构成   形体分析

▲快题设计办公建筑（贺怡）

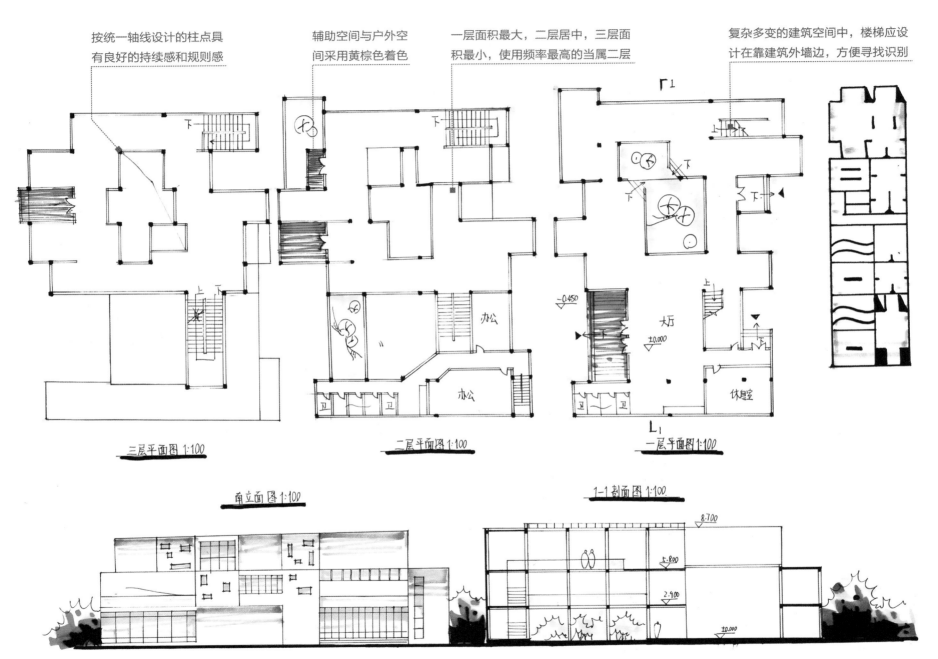

按统一轴线设计的柱点具
有良好的持续感和规则感

辅助空间与户外空
间采用黄棕色着色

一层面积最大，二层居中，三层面
积最小，使用频率最高的当属二层

复杂多变的建筑空间中，楼梯应设
计在靠建筑外墙边，方便寻找识别

三层平面图 1:100

二层平面图 1:100

一层平面图 1:100

南立面图 1:100

1-1剖面图 1:100

▲ 快题设计办公建筑（贺怡）

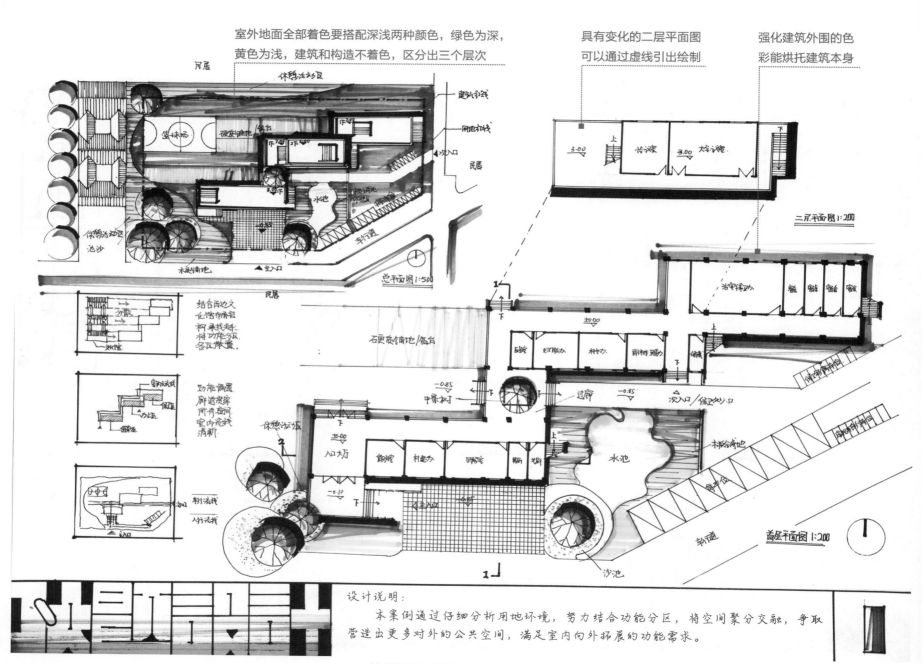

室外地面全部着色要搭配深浅两种颜色，绿色为深，黄色为浅，建筑和构造不着色，区分出三个层次

具有变化的二层平面图可以通过虚线引出绘制

强化建筑外围的色彩能烘托建筑本身

总平面图1:500

二层平面图1:200

首层平面图1:200

设计说明：

　　本案例通过仔细分析用地环境，努力结合功能分区，将空间聚分交融，争取营造出更多对外的公共空间，满足室内向外拓展的功能需求。

▲快题设计村镇办公建筑（王鸿晶）

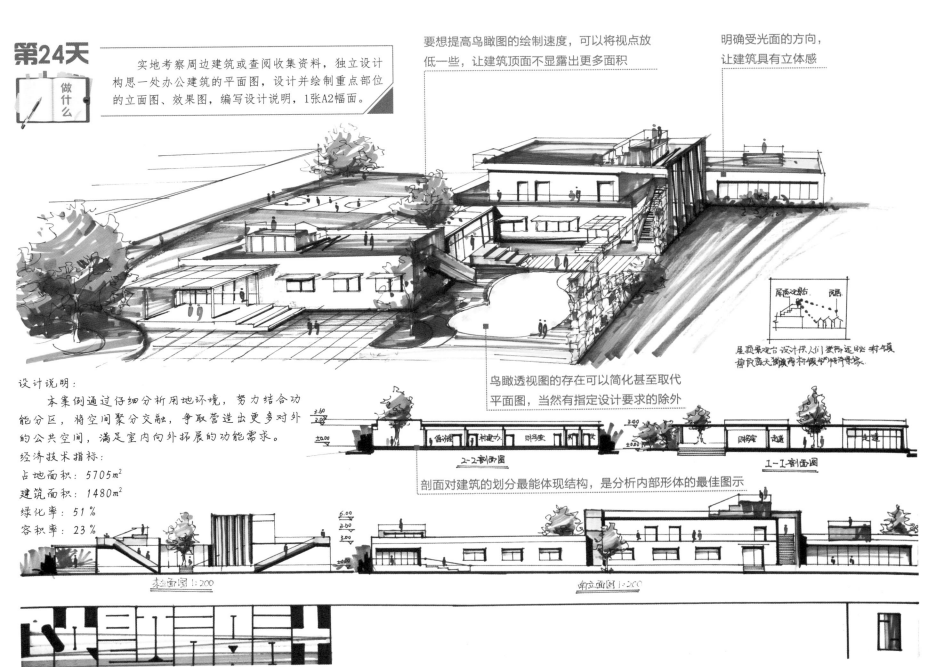

第24天

做什么

实地考察周边建筑或查阅收集资料，独立设计构思一处办公建筑的平面图，设计并绘制重点部位的立面图、效果图，编写设计说明，1张A2幅面。

要想提高鸟瞰图的绘制速度，可以将视点放低一些，让建筑顶面不显露出更多面积

明确受光面的方向，让建筑具有立体感

屋顶景观平台 设计供人们登高远眺 村镇晋及蓝天湖满商村镇护好特有景象.

鸟瞰透视图的存在可以简化甚至取代平面图，当然有指定设计要求的除外

设计说明：

　本案例通过仔细分析用地环境，努力结合功能分区，将空间聚分交融，争取营造出更多对外的公共空间，满足室内向外拓展的功能需求。

经济技术指标：

占地面积：5705m²

建筑面积：1480m²

绿化率：51%

容积率：23%

2-2剖面图

1-1剖面图

剖面对建筑的划分最能体现结构，是分析内部形体的最佳图示

东立面图1:200

南立面图1:200

▲ 快题设计村镇办公建筑（王鸿晶）

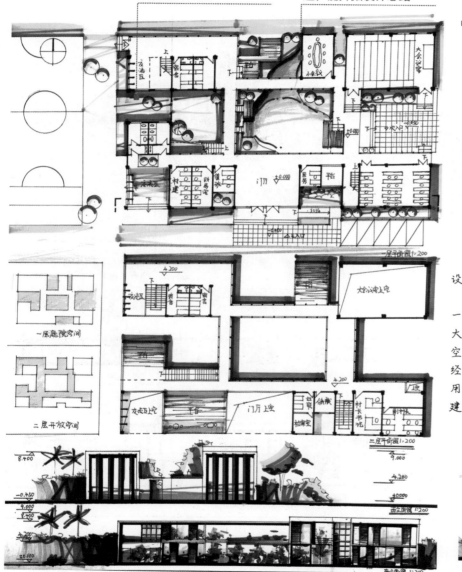

强调绿化着色能丰富画面，这对于面积较大的建筑特别能提升效果

综合办公楼的设计核心在于功能齐备，兼顾各种用途，能开拓设计思路

设计说明：

将建筑节制于一个角落，实现最大限度地留出活动空间。

经济技术指标：

用地面积：5700m²

建筑面积：1420m²

在建筑西面设计绿化用地和活动场所能将东南更好的朝向留给办公

▲ 快题设计村镇办公楼建筑（王鸿晶）

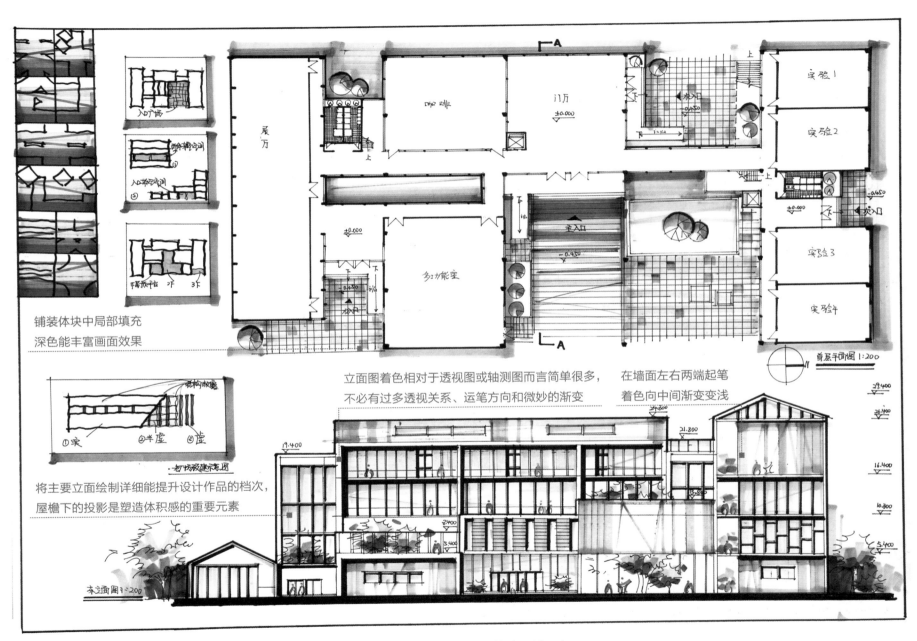

铺装体块中局部填充
深色能丰富画面效果

立面图着色相对于透视图或轴测图而言简单很多，
不必有过多透视关系、运笔方向和微妙的渐变

在墙面左右两端起笔
着色向中间渐变变浅

将主要立面绘制详细能提升设计作品的档次，
屋檐下的投影是塑造体积感的重要元素

▲快题设计科创中心建筑（王鸿晶）

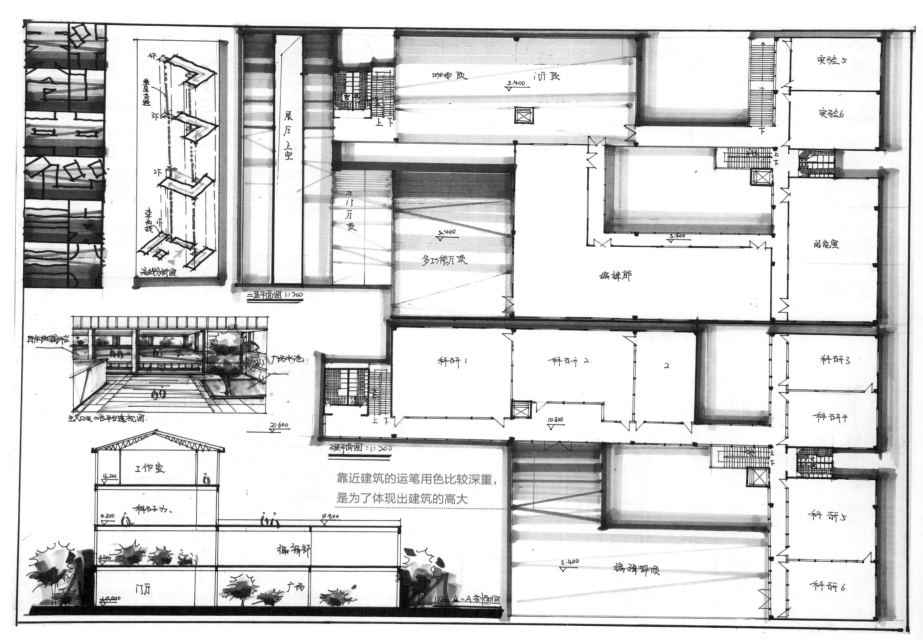

靠近建筑的运笔用色比较深重，
是为了体现出建筑的高大

▲快题设计科创中心建筑（王鸿晶）

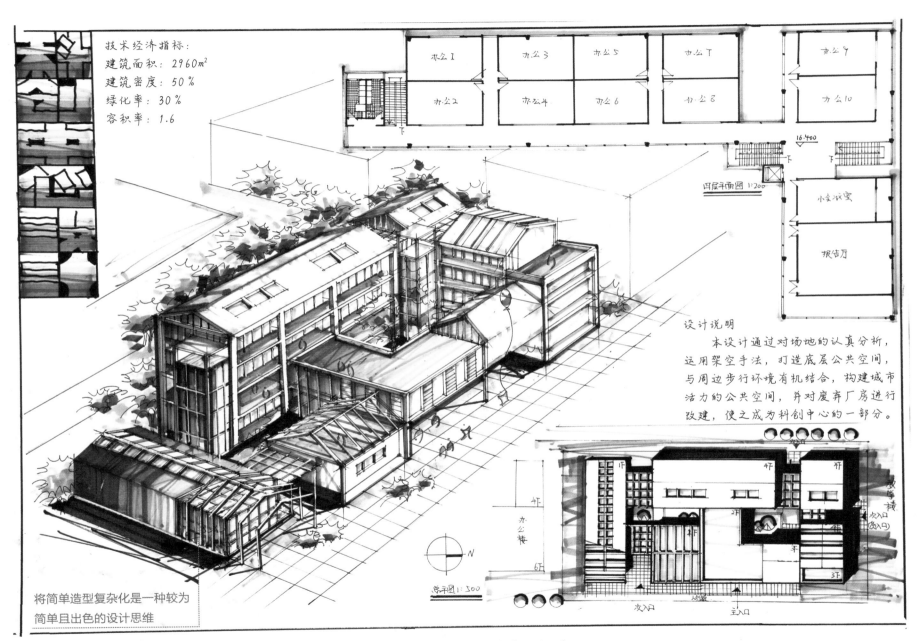

技术经济指标：
建筑面积：2960㎡
建筑密度：50%
绿化率：30%
容积率：1.6

办公1　办公3　办公5　办公7　办公9
办公2　办公4　办公6　办公8　办公10

16.400

四层平面图 1:200

小会议室

报告厅

设计说明

　　本设计通过对场地的认真分析，运用架空手法，打造底层公共空间，与周边步行环境有机结合，构建城市活力的公共空间，并对废弃厂房进行改建，使之成为科创中心的一部分。

将简单造型复杂化是一种较为简单且出色的设计思维

办公楼

改造楼

次入口　次入口　主入口

总平面图 1:500

N

▲快题设计科创中心建筑（王鸿晶）

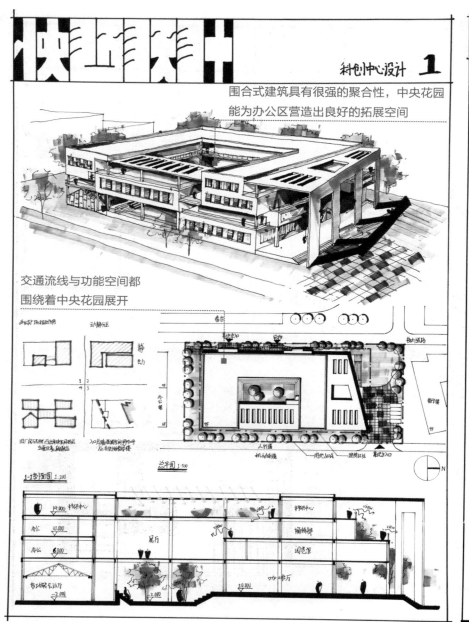

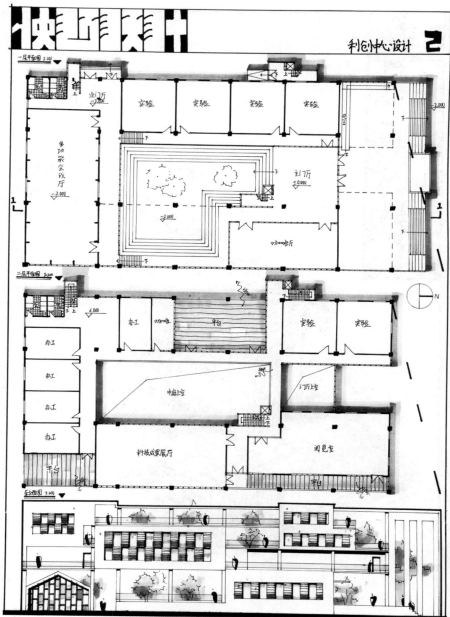

围合式建筑具有很强的聚合性，中央花园
能为办公区营造出良好的拓展空间

交通流线与功能空间都
围绕着中央花园展开

▲快题设计科创中心建筑（邱一林）

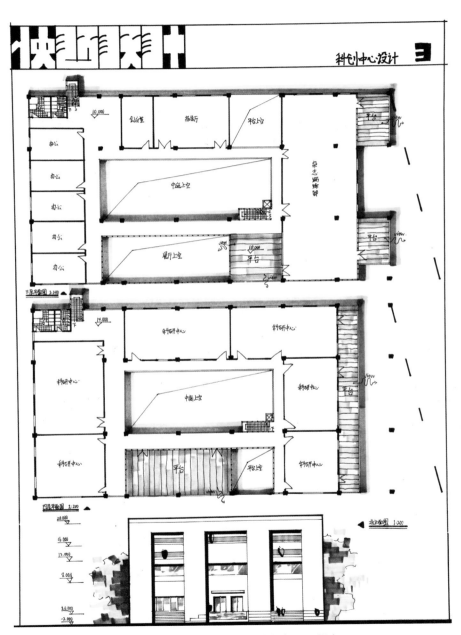

▲快题设计科创中心建筑（邱一林）

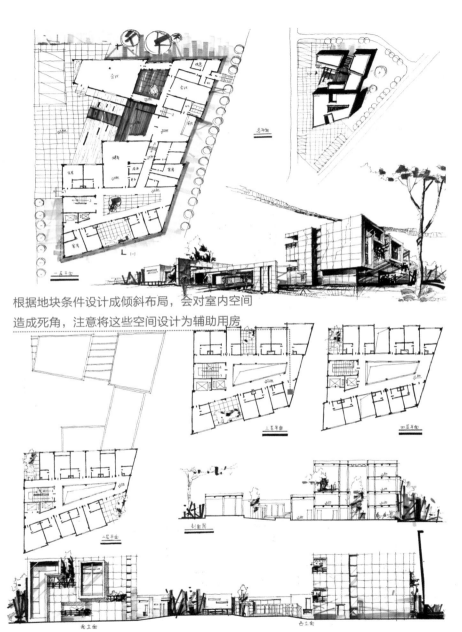

根据地块条件设计成倾斜布局，会对室内空间
造成死角，注意将这些空间设计为辅助用房

▲快题设计商务酒店建筑（王璇）

手绘是通过设计者的手来进行思考的一种表达方式，它是快题设计的直接载体，手绘是培养设计能力的手段。快题设计和手绘相辅相成。无论是在设计初始阶段，还是在方案推进过程，手绘水平的高低无疑具有很大优势。在手绘表现过程中最重要的就是融合创意设计思想，将设计通过手绘完美表现。

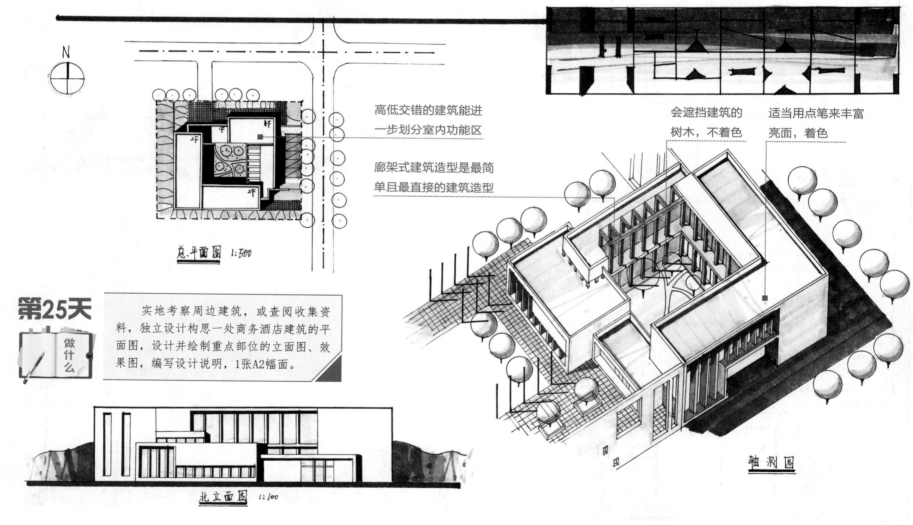

N

高低交错的建筑能进一步划分室内功能区

廊架式建筑造型是最简单且最直接的建筑造型

会遮挡建筑的树木，不着色

适当用点笔来丰富亮面，着色

总平面图 1:500

第25天 做什么

实地考察周边建筑，或查阅收集资料，独立设计构思一处商务酒店建筑的平面图，设计并绘制重点部位的立面图、效果图，编写设计说明，1张A2幅面。

北立面图 1:100

轴测图

▲快题设计商务酒店建筑（石骐华）

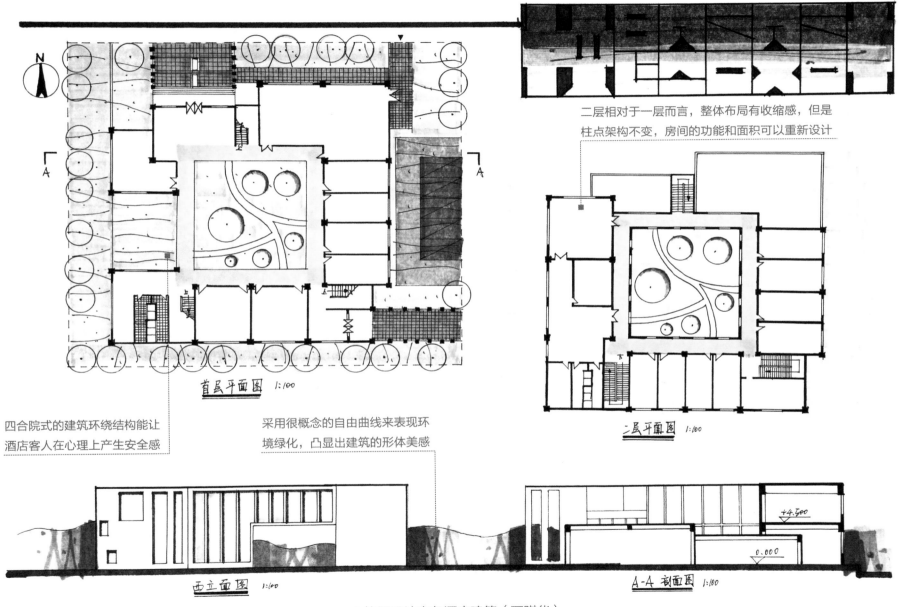

二层相对于一层而言，整体布局有收缩感，但是
柱点架构不变，房间的功能和面积可以重新设计

首层平面图 1:100

二层平面图 1:100

四合院式的建筑环绕结构能让
酒店客人在心理上产生安全感

采用很概念的自由曲线来表现环
境绿化，凸显出建筑的形体美感

西立面图 1:100

A-A 剖面图 1:100

▲ 快题设计商务酒店建筑（石骐华）

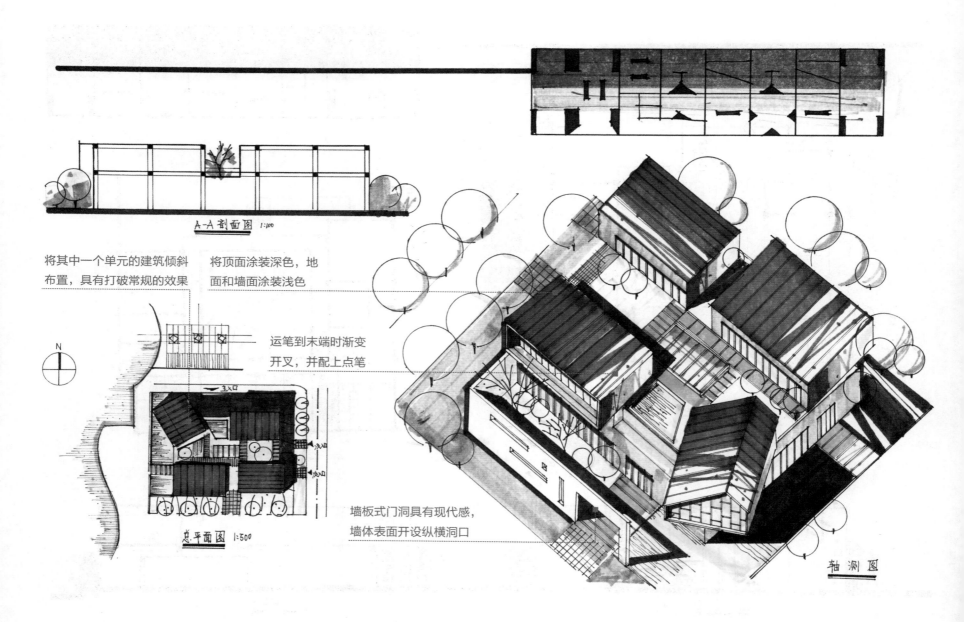

A-A 剖面图 1:100

将其中一个单元的建筑倾斜
布置，具有打破常规的效果

将顶面涂装深色，地
面和墙面涂装浅色

N

运笔到末端时渐变
开叉，并配上点笔

总平面图 1:500

墙板式门洞具有现代感，
墙体表面开设纵横洞口

轴测图

▲快题设计商务酒店建筑（石骐华）

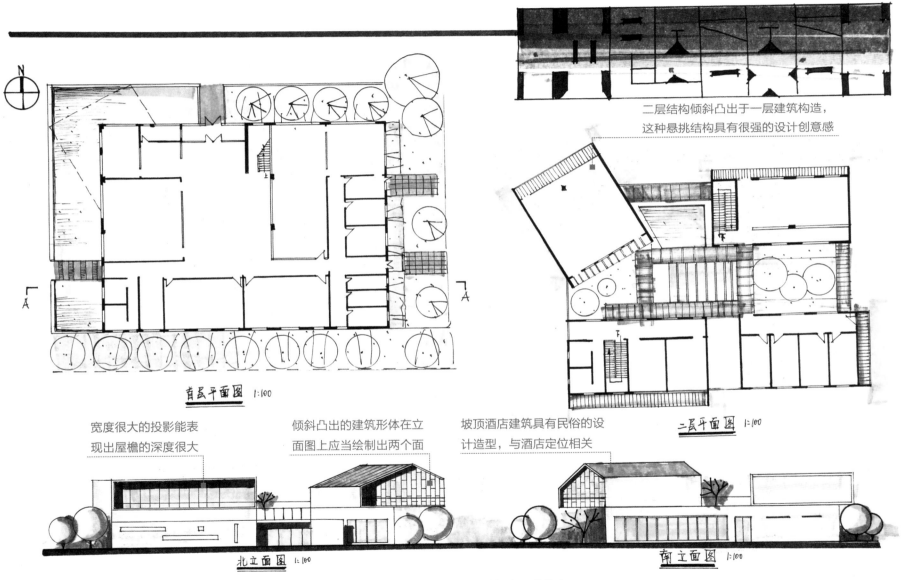

首层平面图 1:100

二层结构倾斜凸出于一层建筑构造，
这种悬挑结构具有很强的设计创意感

二层平面图 1:100

宽度很大的投影能表
现出屋檐的深度很大

倾斜凸出的建筑形体在立
面图上应当绘制出两个面

坡顶酒店建筑具有民俗的设
计造型，与酒店定位相关

北立面图 1:100

南立面图 1:100

▲快题设计商务酒店建筑（石骐华）

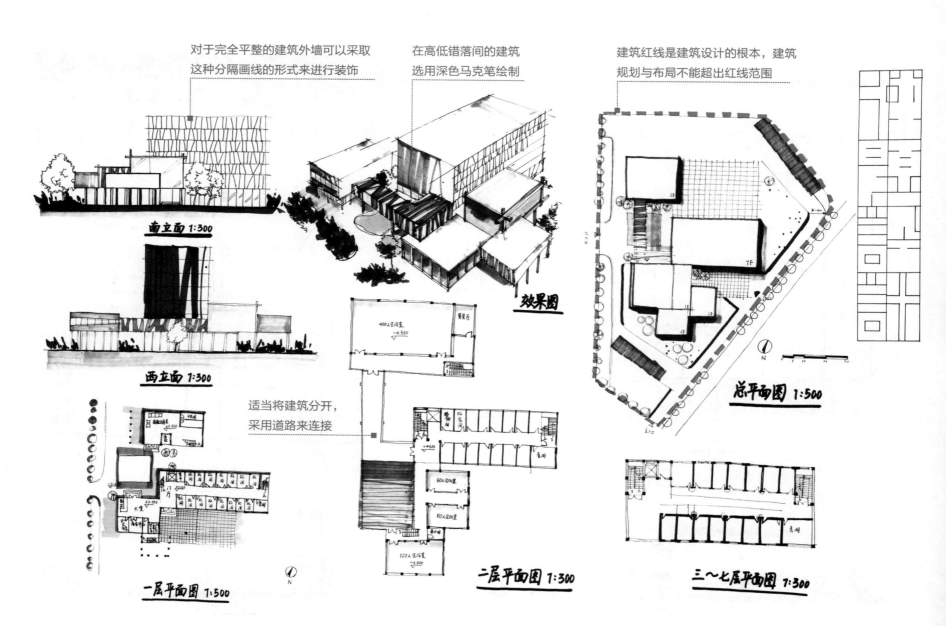

对于完全平整的建筑外墙可以采取
这种分隔画线的形式来进行装饰

在高低错落间的建筑
选用深色马克笔绘制

建筑红线是建筑设计的根本，建筑
规划与布局不能超出红线范围

南立面 1:300

西立面 1:300

效果图

总平面图 1:500

适当将建筑分开，
采用道路来连接

一层平面图 1:500

二层平面图 1:300

三～七层平面图 1:300

▲快题设计商务酒店建筑（何静）

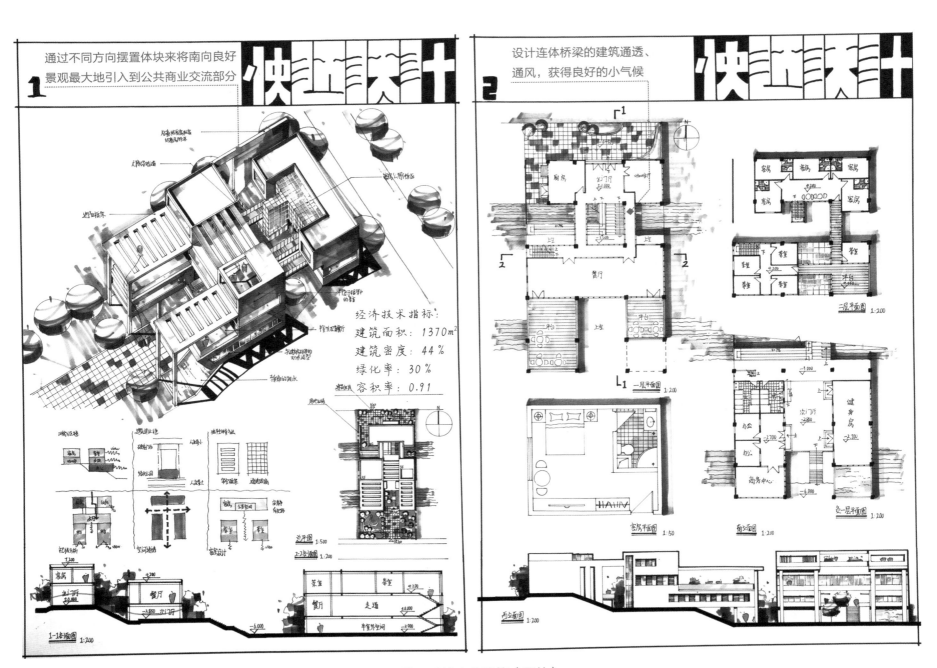

经济技术指标：

建筑面积：1370m²

建筑密度：44%

绿化率：30%

容积率：0.91

▲快题设计商业建筑（邱林）

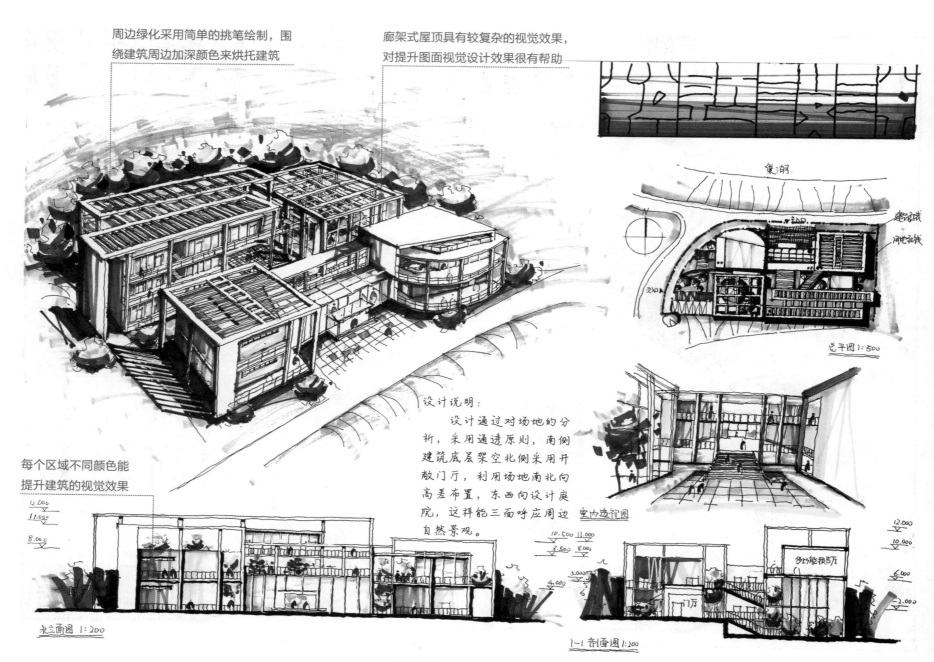

周边绿化采用简单的挑笔绘制，围绕建筑周边加深颜色来烘托建筑

廊架式屋顶具有较复杂的视觉效果，对提升图面视觉设计效果很有帮助

黛湖

建筑域

用地红线

总平图 1:500

设计说明：

　　设计通过对场地的分析，采用通透原则，南侧建筑底层架空北侧采用开敞门厅，利用场地南北向高差布置，东西向设计庭院，这样能三面呼应周边自然景观。

室内透视图

每个区域不同颜色能提升建筑的视觉效果

北立面图 1:200

1-1剖面图 1:200

多功能报告厅

▲快题设计商业建筑（王鸿晶）

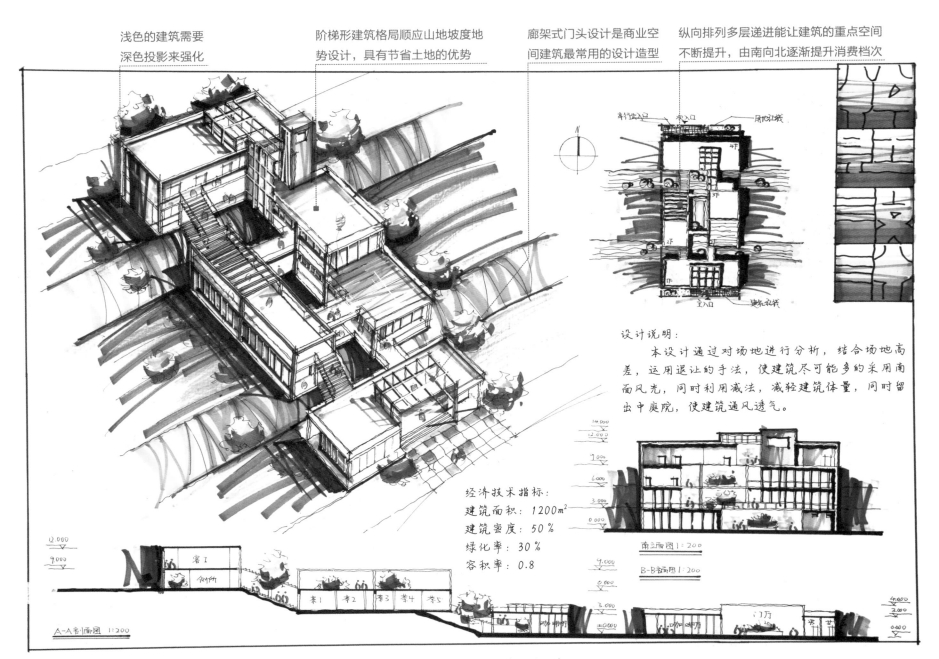

浅色的建筑需要
深色投影来强化

阶梯形建筑格局顺应山地坡度地
势设计，具有节省土地的优势

廊架式门头设计是商业空
间建筑最常用的设计造型

纵向排列多层递进能让建筑的重点空间
不断提升，由南向北逐渐提升消费档次

设计说明：

　　本设计通过对场地进行分析，结合场地高
差，运用退让的手法，使建筑尽可能多的采用南
面风光，同时利用减法，减轻建筑体量，同时留
出中庭院，使建筑通风透气。

经济技术指标：
建筑面积：1200m²
建筑密度：50%
绿化率：30%
容积率：0.8

南立面图 1:200

B-B剖面图 1:200

A-A剖面图 1:200

▲快题设计商业建筑（王鸿晶）

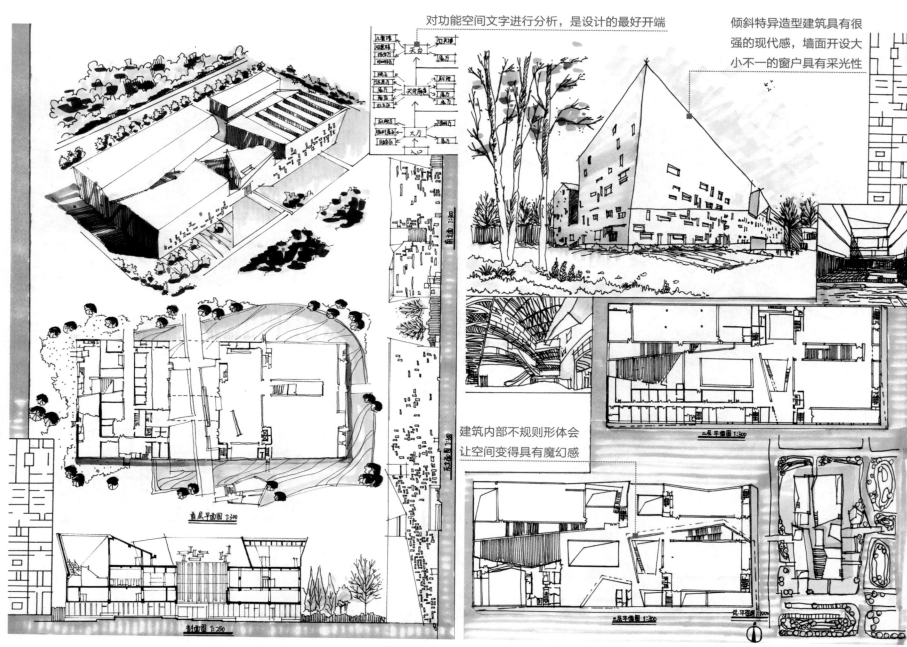

对功能空间文字进行分析，是设计的最好开端

倾斜特异造型建筑具有很强的现代感，墙面开设大小不一的窗户具有采光性

建筑内部不规则形体会让空间变得具有魔幻感

▲快题设计商业建筑（周灵均）

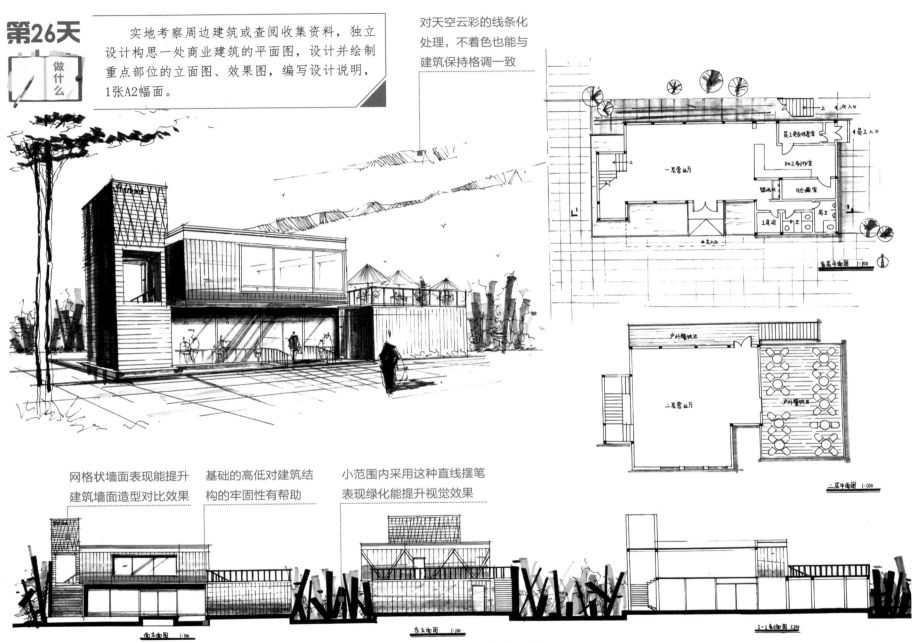

实地考察周边建筑或查阅收集资料，独立设计构思一处商业建筑的平面图，设计并绘制重点部位的立面图、效果图，编写设计说明，1张A2幅面。

对天空云彩的线条化处理，不着色也能与建筑保持格调一致

网格状墙面表现能提升建筑墙面造型对比效果

基础的高低对建筑结构的牢固性有帮助

小范围内采用这种直线摆笔表现绿化能提升视觉效果

▲快题设计商业建筑（王璇）

实地考察周边建筑，或查阅收集资料，独立设计构思一处住宅别墅的平面图，设计并绘制重点部位的立面图、效果图，编写设计说明，1张A2幅面。

用深灰色马克笔来强化建筑周边轮廓的前提是要区分受光面与背光面

环行走廊是室内空间布局的设计重点，它能环绕各个空间，将其关联起来

找准明暗交界线，强化明暗关系，就能快速提高画面效果

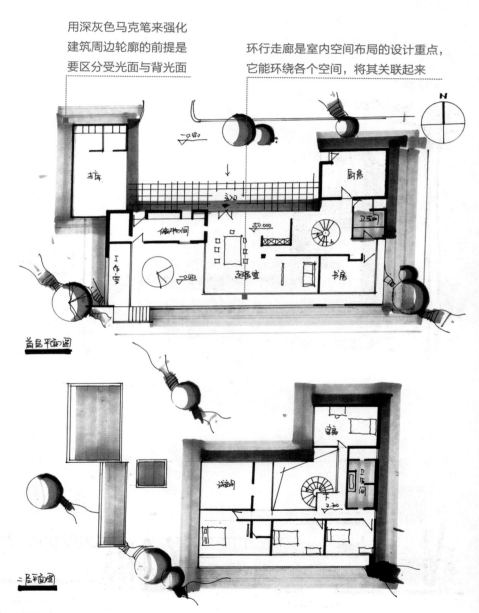

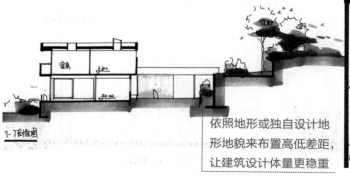

依照地形或独自设计地形地貌来布置高低差距，让建筑设计体量更稳重

▲快题设计别墅建筑（姚鹤立）

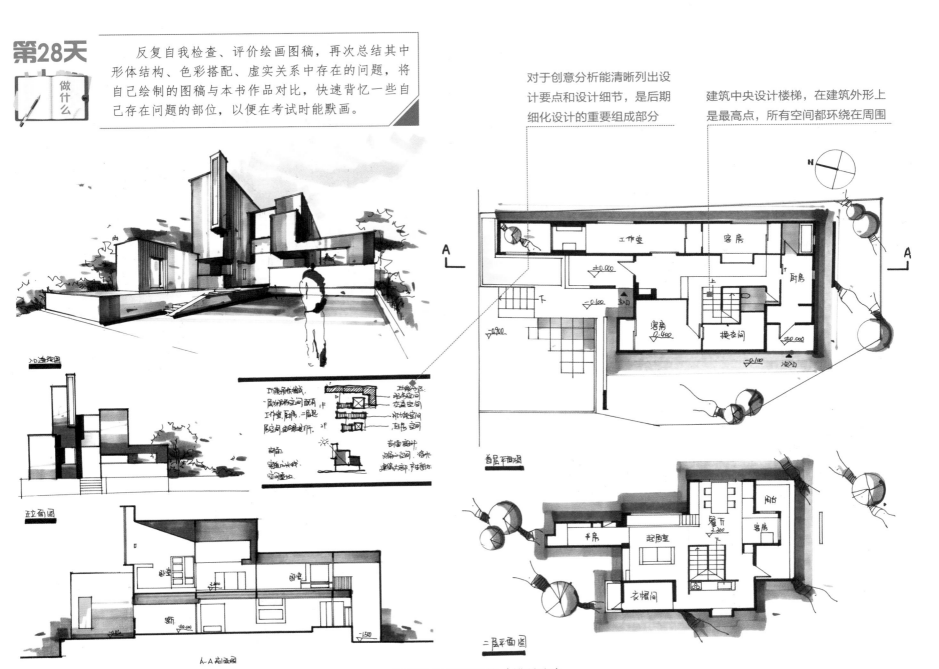

第28天

做什么

反复自我检查、评价绘画图稿，再次总结其中形体结构、色彩搭配、虚实关系中存在的问题，将自己绘制的图稿与本书作品对比，快速背忆一些自己存在问题的部位，以便在考试时能默画。

对于创意分析能清晰列出设计要点和设计细节，是后期细化设计的重要组成部分

建筑中央设计楼梯，在建筑外形上是最高点，所有空间都环绕在周围

▲快题设计别墅建筑（姚鹤立）

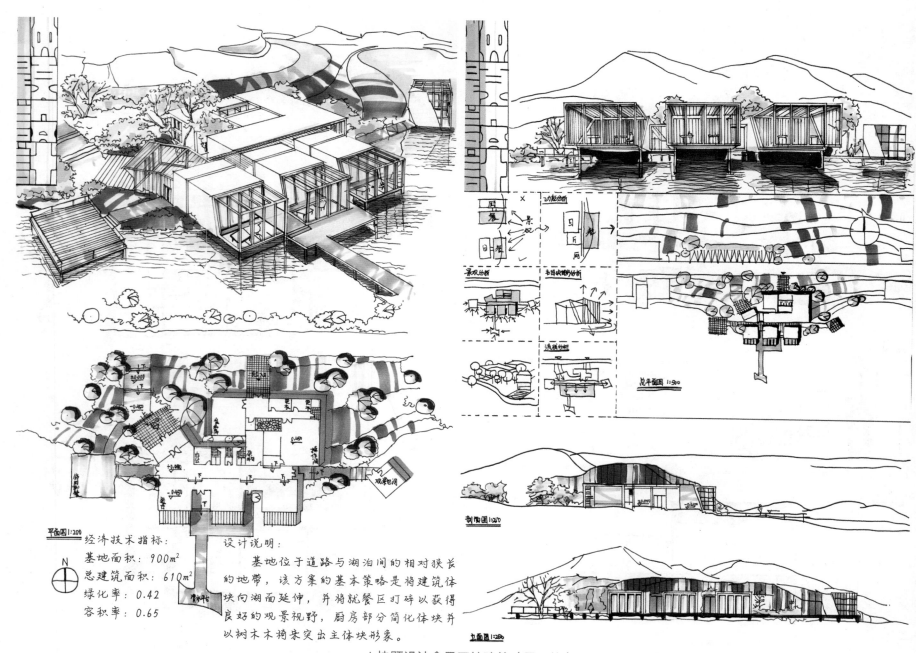

经济技术指标：
基地面积：900m²
总建筑面积：610m²
绿化率：0.42
容积率：0.65

设计说明：
    基地位于道路与湖泊间的相对狭长的地带，该方案的基本策略是将建筑体块向湖面延伸，并将就餐区打碎以获得良好的观景视野，厨房部分简化体块并以树木木椅来突出主体块形象。

▲快题设计食品工坊建筑（周灵均）